Akinkunmi Apena

Alterações Bioquímicas e Químicas das Sementes de Melão Fermentadas

Akinkunmi Apena

Alterações Bioquímicas e Químicas das Sementes de Melão Fermentadas

ScienciaScripts

Imprint
Any brand names and product names mentioned in this book are subject to trademark, brand or patent protection and are trademarks or registered trademarks of their respective holders. The use of brand names, product names, common names, trade names, product descriptions etc. even without a particular marking in this work is in no way to be construed to mean that such names may be regarded as unrestricted in respect of trademark and brand protection legislation and could thus be used by anyone.

Cover image: www.ingimage.com

This book is a translation from the original published under ISBN 978-3-659-81060-2.

Publisher:
Sciencia Scripts
is a trademark of
Dodo Books Indian Ocean Ltd. and OmniScriptum S.R.L publishing group

120 High Road, East Finchley, London, N2 9ED, United Kingdom
Str. Armeneasca 28/1, office 1, Chisinau MD-2012, Republic of Moldova, Europe
Printed at: see last page
ISBN: 978-620-8-13315-3

ÍNDICE DE CONTEÚDO

Alterações Bioquímicas e Químicas em algumas espécies selecionadas de Sementes de Melão *(Citrullus colocynthis, Cucumis melo e Cucumeropsis manii)* Durante a Fermentação para Condimentos

Resumo

Foram investigadas as alterações bioquímicas e químicas de algumas espécies selecionadas de sementes de melão *(Citrullus colocynthis, Cucumis melo e Cucumeropsis manii)*. A transformação das sementes de melão em condimentos (Ogiri) envolve ferver as sementes durante 6 horas, arrefecer e deixar fermentar durante 3-4 dias. A análise aproximada, a composição mineral e o teor de anti-nutrientes foram efectuados utilizando métodos padrão. A fermentação aumentou a proteína bruta, a fibra bruta, a humidade e o óleo bruto, enquanto os valores de hidratos de carbono e o teor de cinzas diminuíram quando comparados com amostras não fermentadas. A composição mineral das amostras revelou que existiam diferenças significativas (p<0,05>) nas amostras não fermentadas quando comparadas com as amostras fermentadas, com exceção do zinco. *Cucumeropsis manii, Cucumis melo e Citrullus colocynthis* têm os teores mais elevados de fósforo (179,02±0,23), sódio (631,8±4,6) e ferro (35,1±1,2), respetivamente. Também se registaram reduções nos teores de anti-nutrientes das amostras fermentadas quando comparadas com as amostras não fermentadas.

Unitermos:- *Cucurbitáceas*, composição mineral, composição proxima, Ogiri, anti-nutrientes

CAPÍTULO 1

1.0 INTRODUÇÃO

1.1 Antecedentes do estudo

O esforço dos países em desenvolvimento para progredir no cumprimento dos Objectivos de Desenvolvimento do Milénio (ODM), especialmente na erradicação da pobreza extrema e da fome, exigiu uma investigação agressiva de algumas plantas arbóreas indígenas, incluindo as sementes de melão.

Uma boa nutrição é um direito humano básico. Para se ter uma população saudável que possa promover o desenvolvimento, a relação entre alimentação, nutrição e saúde deve ser reforçada. Nos países em desenvolvimento, uma das formas de o conseguir é através da exploração dos recursos locais disponíveis, a fim de satisfazer as necessidades de uma população crescente.

O conhecimento do valor nutritivo dos pratos locais, dos ingredientes das sopas e dos géneros alimentícios locais é necessário para encorajar o aumento da cultura e do consumo daqueles que são altamente nutritivos. Este consumo ajudará a complementar os nutrientes dos alimentos básicos de hidratos de carbono dos pobres que não podem comprar alimentos proteicos de origem animal em quantidade suficiente.

As sementes de melão demonstraram ser altamente nutritivas. Martin (1998) mostrou que as sementes de cucurbitáceas são possíveis fontes de óleo e de proteínas para uso doméstico em pequena escala nas regiões tropicais quentes e húmidas. Elas contêm cerca de 50% de óleo e 35% de proteínas. A maior parte do óleo é composta de ácidos gordos insaturados, portanto, de alto valor nutritivo. As proteínas são principalmente do tipo globulina e são deficientes em aminoácidos contendo lisina e enxofre. Vodouhe e Capo-Chichi (1998) mostraram também que as sementes de melão fornecem óleo de boa qualidade e uma boa cobertura do solo. Younis (2000) demonstrou que as sementes de Cucurbita são ricas em óleo e proteínas e que o óleo contém quatro ácidos gordos dominantes: ácido palmítico, ácido esteárico, ácido oleico e ácido linoleico. Os ácidos gordos essenciais presentes nestas sementes são importantes para o crescimento e desenvolvimento normal do feto e do bebé, para o desenvolvimento do cérebro e para a acuidade visual (FAO, 1994).

Os alimentos fermentados constituem uma componente significativa das dietas africanas. São conhecidos muitos alimentos fermentados, alguns servem como refeições principais, outros como bebidas e outros ainda como condimentos alimentares de elevado preço. Ogiri é uma pasta oleosa produzida principalmente a partir de sementes de melão e consumida nos países da África Ocidental (Odunfa, 1981). O processo de produção continua a ser uma arte familiar tradicional e a fermentação é efectuada por inoculação casual (Odunfa, 1985).

O Ogiri serve como condimento barato para sopas, sobretudo entre os habitantes pobres das zonas rurais. A fermentação é geralmente efectuada num estado sólido húmido, envolvendo o contacto com inóculos apropriados de microrganismos variados e é conseguida através da formação de mucilagem e da reviravolta do amoníaco produzido como resultado da decomposição de aminoácidos durante a fermentação (Omafuvbe, 1998).

1.2 Justificação do estudo

As sementes de melão dos frutos de *Cucumeropsis mannii, Citrullus coloncynthis e Cucumis melo* continuam a ser um condimento importante na maioria dos lares da Nigéria. Atualmente, há escassez de dados sobre os factores anti-nutricionais presentes nestas três espécies de sementes de melão.

O conhecimento das substâncias anti-nutricionais nas sementes de melão é essencial para planear e implementar métodos adequados de processamento de condimentos para alcançar um valor ótimo para a saúde dos seres humanos quando se compara o conteúdo de macro e micro nutrientes nas várias espécies de melão para a sua utilização óptima como condimento para a saúde, crescimento, desenvolvimento e valor anti-doença.

1.3 Objectivos do estudo

Os principais objectivos desta tese são investigar o potencial nutricional de algumas espécies selecionadas de sementes de melão *(Cucumeropsis manii, Cucumis melo e Citrullus colocynthis).*

Os objectivos específicos são determinar

(i) . Rastreio fitoquímico das espécies de sementes de melão selecionadas.

(ii) . Composições proximais de sementes de melão fermentadas e não fermentadas

(iii) . Composições de alguns minerais selecionados de sementes de melão fermentadas e não fermentadas.

(iv) . Factores anti-nutricionais das sementes de melão fermentadas e não fermentadas.

1.4 Importância do estudo

O objetivo deste estudo é fornecer mais informações sobre a existência e o potencial nutricional destas espécies específicas de sementes de melão.

1.5 Âmbito do estudo

O âmbito deste estudo fornece informações sobre os vários agentes bioactivos disponíveis nestas espécies de sementes de melão

CAPÍTULO 2

2.0 REVISÃO DA LITERATURA

2.1 Origem e descrição das sementes de melão

O melão é amplamente cultivado nas regiões tropicais e também nas regiões temperadas do mundo, onde requer muito calor e sol. O melão, popularmente conhecido como Egusi, pertence à família Curcurbitaceae. É uma planta monóica, cultivada a partir de sementes e rasteira, com uma densidade populacional de cerca de 20.000 a 40.000 plantas por hectare. Produz um fruto arredondado que amadurece entre três a quatro meses após a plantação.

Fig1:- *Cucumis melo*

Citrullus colocynthis

"Bitter-apple" e variantes ortográficas redireccionam para aqui. Também é usado para a venenosa maçã-de-soda, uma espécie de beladona.

Citrullus colocynthis

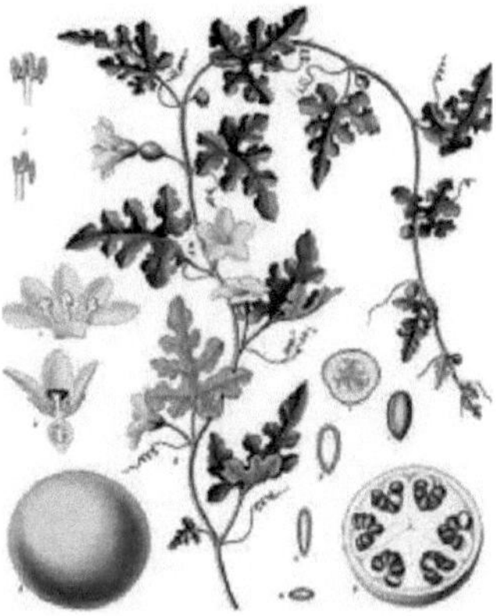

Fig2:- *Citrullus colocynthis* de Koehler's *Medicinal-Plants (1887).*

Classificação científica

Reino:	Plantas
(não classificado):	Angiospérmicas
(não classificado):	Eudicotiledóneas
(não classificado):	Rosáceas
Encomendar:	Cucurbitáceas
Família:	Cucurbitáceas
Género:	*Citrullus*
Espécies:	***C. colocynthis***

Nome binomial

Citrullus colocynthis.

O Citrullus colocynthis, vulgarmente conhecido como **colocynth**, **maçã amarga**, **pepino amargo**, **cabaça do deserto**, **egusi** ou **videira de Sodoma**, é uma planta vinífera do deserto originária da bacia mediterrânica e da Ásia, especialmente da Turquia (sobretudo em regiões como Esmirna), da Núbia e de Trieste. Assemelha-se a uma videira comum de melancia, mas produz frutos pequenos e duros com uma polpa amarga. O seu nome científico original era *Colocynthis citrullus,* mas atualmente é classificado como *Citrullus colocynthis.*

2.2 Origem das espécies, distribuição e ecologia das sementes de melão

A Citrullus colocynthis é uma planta vinífera do deserto que cresce em solos arenosos áridos. É originária da bacia mediterrânica e da Ásia e distribui-se pela costa ocidental do norte de África, a leste através do Sara, do Egito e até à Índia, atingindo também a costa norte do Mediterrâneo e os mares Cáspio. Cresce também nos países do sul da Europa, como em Espanha e nas ilhas do arquipélago grego. Na ilha de Chipre, é cultivada em pequena escala; é uma fonte de rendimento desde o século XIV e ainda hoje é exportada. É uma planta anual ou perene (em estado selvagem) na zona árida indiana e tem uma grande taxa de sobrevivência em condições xéricas extremas. De facto, pode tolerar uma precipitação anual de 250 a 1500 mm e uma temperatura anual de 14,8 a 27,8 °C. Cresce desde o nível do mar até aos 1500 m.a.s.l. em solos franco-arenosos, subdesérticos e arenosos com um pH entre 5,0 e 7,8.

2.3 Caraterísticas e morfologia da planta

Raízes e caules

As raízes são grandes, carnudas e perenes, o que leva a uma elevada taxa de sobrevivência graças à longa raiz axial. Os caules, semelhantes a videiras, espalham-se em todas as direcções durante alguns metros à procura de algo por onde trepar. Se estiverem presentes, os arbustos e as ervas são preferidos e trepam por meio de gavinhas axilares ramificadas.

Folhas

Muito semelhantes às folhas da melancia: são palmadas, angulosas, com 3-7 lóbulos divididos.

Flores

As flores são amarelas e solitárias nos eixos das folhas e são suportadas por pedúnculos amarelo-esverdeados. Cada uma tem uma corola subcampanulada de cinco lóbulos e um cálice de cinco partes.

São monóicas, pelo que os órgãos reprodutores masculinos (estames) e femininos (pistilos e ovário) estão presentes em flores diferentes da mesma planta. O cálice das flores masculinas é mais curto do que a corola. Apresentam 5 estames, dos quais 4 são acoplados e 1 é simples com antera monadelfa. As flores femininas têm 3 estaminóides e um ovário de 3 carpelos. Os dois sexos distinguem-se pela observação do ovário inferior globular e peludo das flores femininas.

Fig 3:- Uma flor masculina de *Citrullus colocynthis*.

Fig 4:- *Citrullus colocynthis* iraniano.

Fig 5:- Fruto maduro de *Citrullus colocynthis.*

Frutos

O fruto é liso, esférico, com um diâmetro de 5-10 cm e um sabor extremamente amargo. O cálice envolve o fruto amarelo-esverdeado que se torna mármore (riscas amarelas) na maturidade. O mesocarpo é preenchido por uma polpa branca, macia, seca e esponjosa, na qual estão embebidas as sementes. Cada um dos 3 carpelos contém 6 sementes. Cada planta produz 15 a 30 frutos.

Sementes

As sementes são cinzentas e têm 5 mm de comprimento e 3 mm de largura. São comestíveis, mas igualmente amargas, com sabor a nozes e ricas em gordura e proteínas. São consumidas inteiras ou utilizadas como sementes oleaginosas. O teor de óleo das sementes é de 17-19% (w/w), consistindo em 67-73% de ácido linoleico, 10-16% de ácido oleico, 5-8% de ácido esteárico e 9-12% de ácido palmítico. Estima-se que o rendimento em óleo seja de aproximadamente 400 L/hectare (Schafferman *et al,* 1998). Para além disso, as sementes contêm uma maior quantidade de arginina, triptofano e aminoácidos com enxofre (Gurudeeban *et al*, 2010)

2.4 Cultivo de sementes de melão

Citrullus colocynthis é uma planta perene que se pode propagar tanto por meios generativos como vegetativos. Contudo, a germinação das sementes é fraca devido às condições xéricas extremas; por conseguinte, a propagação vegetativa é mais comum e bem sucedida na natureza. Na zona árida indiana, o crescimento tem lugar entre janeiro e outubro, mas o período mais favorável para o crescimento vegetativo é durante o verão, que coincide com a estação das chuvas. O crescimento diminui assim que as chuvas e a temperatura diminuem e quase pára durante os meses frios e secos de dezembro e janeiro (Agahiu *et al*, 2011). O colocynth prefere solos arenosos e é um bom exemplo de boa gestão da água que pode ser útil também na investigação para compreender melhor como as plantas do deserto reagem ao stress hídrico (Althawadi *et al,* 2009). Para aumentar a produção, pode ser aplicado um fertilizante orgânico. O colocynth também é comummente cultivado juntamente com a mandioca (cultura intercalar) na Nigéria (Agahiu *et al*, 2011).

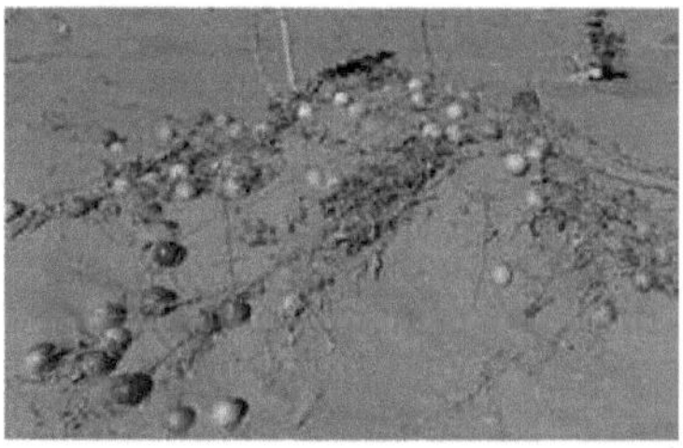

Fig 6:- Colocynths no deserto de Adrar (Mauritânia).

O colocynth cultivado sofre de stress climático e de doenças como o vírus do mosaico do **pepino**, o vírus do mosaico do melão, a murcha de Fusarium, etc., como qualquer outra cultura. Para **a** melhorar, foi desenvolvido um protocolo relativamente novo de regeneração com o objetivo de incorporar a resistência a doenças e ao stress para aumentar o potencial de rendimento e a segurança, evitando barreiras de hibridação interespecífica (Ntui et al, 2009).

2.5 Utilizações das sementes de melão

A Citrullus colocynthis pode ser utilizada para diferentes fins: pode ser consumida ou elaborada para outras utilizações na medicina e como fonte de energia, por exemplo, sementes oleaginosas e biocombustível. As pequenas sementes caraterísticas do colocynthis foram encontradas em vários sítios **arqueológicos** antigos no norte de África e no Próximo Oriente, especificamente no Neolítico de Armant, Nagada, no Egito; em sítios que datam de 3800 a.C. até à época romana na Líbia; e nos níveis neolíticos pré-potâmicos **das** grutas de Nahal Hemar em Israel (Zohary et al, 2000). Zohary e Hopf especulam que "estas descobertas indicam que o colocynth selvagem foi muito provavelmente utilizado pelos humanos antes da sua domesticação (Zohary et al, 2000).

Os extractos aquosos e metanólicos de colocynth também mostraram uma elevada atividade antimicrobiana contra *Escherichia coli, Staphylococcus aureus* e outras bactérias.[*cliaaton needed*] Os extractos de frutos, folhas, raízes e caules também foram considerados potencialmente utilizáveis contra muitos bacilos gram positivos e fungos como *Aspergillus fumigaius, Aspergillus flavus* e *Mucor sp* (Gurudeeban *ei al,* 2010).

Além disso, alguns destes extractos também resultaram ter um efeito trópico da insulina e, por conseguinte, também um efeito antidiabético que pode permitir-lhe tornar-se relevante para o tratamento da diabetes mellitus (Gurudeeban *ei al*, 2010).

Os glucósidos de cucurbitacina parecem poder tornar-se importantes para a terapia contra as células do cancro da mama devido à sua capacidade de modificar a morfologia e a sinalização celular, bem como de induzir a apoptose e alterações no potencial da membrana mitocondrial (Tannin - Spitz *ei al,* 2007)

Outra propriedade do colocynth é a estimulação do crescimento do pelo; uma experiência em ratos demonstrou que o tempo de iniciação do crescimento do pelo diminuiu significativamente após o tratamento com extractos de éter de petróleo de colocynth (Roy *ei al,* 2007)

Utilizações medicinais pré-modernas

Na medicina pré-moderna, era um ingrediente do electuário chamado confectio hamech, ou diacatholicon, e da maioria das outras pílulas laxantes; e nos casos em que era necessário purgar, tinha muito sucesso. É uma das drogas purgativas mais violentas que se conhecem; de tal modo que excita as passagens a tal ponto que, por vezes, extrai sangue e induz a chamada "superpurgação". Por vezes, era tomado fervido em água ou cerveja, na obstrução da menstruação, o que era considerado bem sucedido em constituições fortes. Algumas mulheres usavam-na da mesma forma, no início da gravidez, para provocar um aborto, que muitas vezes ocorria devido à violência da sua ação. A sua utilização para este fim está documentada na antiguidade; por exemplo, a receita seguinte foi encontrada no papiro médico de Ebers, no Egito, datado de cerca de 1550 a.C. (Riddle, 1999).

"Para fazer com que uma mulher pare [interrompa] a gravidez no primeiro, segundo ou terceiro período [trimestre]: fruto verde de acácia; colocynth; tâmaras; triturar com 6/7 de litro de mel. Humedecer um pessário de fibra vegetal [com a mistura] e colocar na vagina."

O pó de colocynth era por vezes usado externamente, com aloés, etc., em unguentos, ligaduras, etc., com notável sucesso contra vermes parasitas; e alguns, para o mesmo fim, recomendavam que a polpa fosse usada como enema. Na paixão ilíaca, os enemas de colocynth foram utilizados eficazmente onde a maioria dos outros medicamentos pré-modernos tinham falhado. Os trociscos, ou pastilhas, feitos de colocynth eram chamados "trociscos de alhandal". Eram preparadas cortando o colocynth num tamanho pequeno e reduzindo-o a um pó fino num almofariz, esfregado com óleo de amêndoas doces; acrescentando depois goma tragacanto e aroeira. Os remédios para combater o colocynth incluíam eméticos, tais como

Utilizações nutricionais

Diz-se que os beduínos do deserto fazem um tipo de pão com as sementes moídas. Existe alguma confusão entre esta espécie e a melancia (*Citrullus Ianatus* (Thunb)), cujas sementes podem ser utilizadas da mesma forma. Em particular, o nome "egusi" pode referir-se a uma ou a ambas as plantas (ou mais genericamente a outras cucurbitáceas) na sua qualidade de culturas de sementes, ou a uma sopa feita com estas sementes e popular na África Ocidental.

A farinha de sementes é rica em micronutrientes (vitaminas e minerais), cálcio e niacina e pode, portanto, ser usada em formulações alimentares, especialmente em regiões com baixo consumo de leite como a África Ocidental (Gurudeeban *et al,* 2010). Uma dose normal de fluido extraído da polpa do fruto é de 2 a 5 mínimos (120 a 310 ML), e para o extrato em pó 1 a 2 grãos (60 a 130 mg).

sulfato de zinco e apomorfina, se detectados precocemente; mais tarde, demulcentes e opiáceos, com estimulantes para combater o colapso.

Utilizações práticas

Uma vez que o colocynth não é muito utilizado como alimento básico, as suas sementes podem tornar-se uma fonte interessante para a produção de biocombustível. Para além disso, o colocynth pode crescer em terras marginais e pode melhorar a qualidade do solo, tal como experimentado com a cultura intercalar (Agahiu *et al*, 2011). O óleo obtido das sementes (47%) também pode ser utilizado para fins medicinais e para a produção de sabão. A produção não consome muito tempo e energia devido à capacidade do colocynth de crescer em solos pobres com apenas um pouco de humidade e fertilizante orgânico. Os frutos são colhidos à mão ainda imaturos, o anel é removido por descasque e a polpa interna cheia de sementes é seca ao sol ou em fornos. O rendimento das sementes é de cerca de 6,7-10 t/ha, o que significa que para um lucro de óleo de 31-47%, o rendimento de óleo pode atingir até 3 t/ha (Giwa, et al, 2010)

Os ácidos oleico e linoleico isolados de extractos de éter de petróleo de *C. colocynthis* mostram atividade larvicida contra mosquitos (Schrad et al, 2008).

2.6 *Cucumeropsis manii*

Distribuição geográfica *(Cucumropsis manii)*

Cucumeropsis manii é uma espécie de melão originária da África tropical a oeste do vale do Grande Vida, onde é cultivada para fins alimentares e como fonte de óleo (Obute, *et al* 2007).

Descrição *(Cucumropsis manii)*

Produz trepadeiras de até 4 metros de comprimento que são convertidas em pêlos rígidos. As folhas em forma de coração ou mais ou menos palmadas têm até 12 centímetros de comprimento e 14 de largura. Produz pequenas flores amarelas masculinas e femininas com pétalas de menos de um centímetro de comprimento. O fruto tem forma de ovo ou de ovário alongado, com cerca de 19 centímetros de comprimento e 8 de largura, de cor creme com estrias verdes. O fruto e as sementes brancas são comestíveis. O fruto é cultivado mais frequentemente pelo óleo das sementes do que pelo fruto. (Obute, et al 2007).

Fig 7:- Cucumeropsis manii

2.7 Cucumeropsis mannii

Cucumeropsis mannii é um membro da família Cucurbitaceae. Os nomes vernáculos para esta cultura incluem egusi-itoo e melão de sementes brancas (Egunjobi, & Adebisi, 2004). Esta cultura é muitas vezes referida como "o verdadeiro egusi", dada a sua longa história na África Ocidental, que remonta a 4000 anos. As sementes são normalmente transformadas em sopas e produtos oleosos, sendo também consumidas individualmente como petisco. A cultura desenvolve-se em climas rigorosos e é possível obter rendimentos elevados em paisagens áridas.

As pragas e doenças raramente constituem um problema para os agricultores desta cultura. Outros benefícios incluem o aumento da qualidade do solo através da cobertura do solo e da supressão de ervas daninhas. Esta cultura tem também um valor nutricional significativo. O óleo constitui 44% das sementes, enquanto 30% são proteínas ricas em aminoácidos essenciais (N.R.C. 2006).

A semente é uma excelente proteína vegetal e é ideal para combater debilidades nutricionais. Rica em vitaminas e minerais essenciais, a egusi-itoo complementa a dieta de amido e cereais da maioria dos africanos. Apesar das vantagens óbvias da cultura, *a Cucumeropsis mannii* continua a ser uma ferramenta subutilizada para a intervenção nutricional em África.

A Cucumeropsis mannii é uma espécie de melão originária da África tropical a oeste do Rift da África Oriental, onde é cultivada para fins alimentares e como fonte de óleo. Os seus nomes comuns incluem **egusi** em Yoruba e **agushi** em Hausa. Em inglês, é conhecido como **Mann's cucumeropsis** e **whiteseed melon.** Produz vinhas trepadeiras de até 4 metros de comprimento, cobertas de pêlos duros. As folhas, em forma de coração ou mais ou menos palmadas, têm até 12 centímetros de comprimento e 14 de largura. Apresenta pequenas flores amarelas masculinas e femininas com pétalas de menos de um centímetro de comprimento. O fruto tem forma de ovo. O fruto tem uma forma ovada ou alongada, com cerca de 19 centímetros de comprimento e 8 de largura, de cor creme com estrias verdes. O fruto e as sementes brancas são comestíveis. A planta é cultivada mais frequentemente pelo óleo das sementes do que pelo fruto.

Condições de cultivo

A Cucumeropsis mannii propaga-se inteiramente por semente. Na zona de transição da África Ocidental, esta cultura é semeada durante a estação das chuvas, entre março e maio (Egunjobi, & Adebisi, 2004). Aqui os solos são ricos em matéria orgânica com uma precipitação elevada de 1.400 mm distribuída entre abril e outubro. A propagação começa após as primeiras chuvas fortes da estação. São plantados buracos com cerca de 2 cm de profundidade e 1 m de distância, com 3-4 sementes em cada um. Deve ser aplicado um fertilizante completo antes da propagação, seguindo-se a aplicação periódica de fertilizante azotado. Os métodos de cultivo contrastam nas savanas do norte, onde as condições são mais difíceis, com baixa fertilidade e matéria orgânica. A precipitação nesta zona é pequena, com 800 mm anuais. *A Cucumeropsis mannii* é mais bem sucedida nesta zona como cultura mista, especificamente cultivada nos cumes das culturas de sorgo. Em zonas mais difíceis, esta cultura deve ser espaçada pelo menos 3 m, o que diminui muito a produção por hectare. Após 6-8 meses, por volta de setembro-dezembro, os frutos *de Cucumeropsis manni* estão prontos para a colheita. Os sinais físicos de frutos maduros incluem uma cor cremosa e caules e folhas secos. Cada planta tem em média 2-5 frutos, cada um pesando 0,8-1,8 kg e contendo 90-400 sementes (Egunjobi,

& Adebisi,2004)

Tolerância ao stress

A Cucumeropsis mannii pode sobreviver em solos pobres em nutrientes em zonas climaticamente diversas. Esta planta pode ser cultivada em terrenos não utilizados, como margens e diques. O elevado grau de cobertura vegetal desta planta cobre o solo, protegendo-o da exposição solar e da perda de água, aumentando assim a qualidade do solo. *A Cucumeropsis mannii* pode também desenvolver-se em zonas húmidas, secas e de montanha, com poucas ou nenhumas consequências para o crescimento ou a qualidade da cultura. É tolerante à seca, prosperando nas regiões secas da África Ocidental, adaptada a zonas semiáridas, e é também compatível com as temperaturas mais quentes das terras altas tropicais (N.R.C. 2006).

Principais ervas daninhas, pragas e doenças

A Cucumeropsis mannii é considerada isenta de pragas e doenças. Os principais problemas incluem o fungo Macrophomina phaseolina, que ataca as raízes e os caules inferiores da cultura, causando a doença do amortecimento. A espécie de mosca da fruta Dacus punctifrons também pode atacar os frutos desta planta. Os frutos apodrecem geralmente devido à existência de larvas. A Halticus tibialis é uma pulga semelhante a um pulgão e pode também causar problemas nas culturas de egusi-itoo, matando frequentemente as folhas da planta por sucção da seiva. Após a colheita, muitas espécies de escaravelhos, incluindo o escaravelho vermelho da farinha e o escaravelho do cigarro, podem alimentar-se de sementes que não estejam corretamente armazenadas em recipientes herméticos. *A Cucumeropsis mannii* proporciona uma cobertura do solo, suprimindo eficazmente as ervas daninhas.

A cultura intercalar com culturas de sorgo, mandioca, café, algodão, milho ou banana pode reduzir a monda durante a estação de crescimento de 2-3 para apenas uma. Isto tem efeitos positivos significativos para as agricultoras que passam a maior parte do seu tempo a mondar.

Consumo e utilizações

O Egusi-itoo é cultivado principalmente pelas sementes oleosas que produz. As sementes são normalmente moídas e utilizadas para engrossar sopas e guisados ou como ingrediente em bolinhos de massa. Outro consumo de egusi-itoo é em forma de patty depois de o óleo ter sido extraído da semente, que é então consumida como um substituto de proteína. O mais comum é ser descascado e consumido como snack. No norte do Gana, o óleo de egusi é o segundo óleo de cozinha mais importante. A amêndoa da semente de egusi-itoo contém óleos semi-secos que podem ser utilizados para fazer sabonetes, cozinhar e para iluminação, sendo o resto da semente dado como alimento ao gado. A polpa da *Cucumeropsis mannii* é comestível, mas não é comummente consumida devido ao seu sabor amargo. Em alguns países, como o Gana, o sumo do fruto é utilizado como pomada cicatrizante.

Informação nutricional

A amêndoa da semente de egusi-itoo é composta por 44% de óleo, 30% de proteínas, 10% de hidratos de carbono, 4% de cinzas e 3% de fibras. O óleo desta semente é constituído por 64,9% de ácido linoleico, 12,4% de ácido oleico, 11,8% de ácido esteárico e 10,9% de ácido palmítico. As vitaminas tiamina, niacina, B1 e B2 também são predominantes na semente, bem como muitos micronutrientes (N.R.C.2006). Os minerais notáveis incluem o fósforo, como o maior componente mineral, com potássio, magnésio, manganês, enxofre, cálcio, ferro e zinco a seguir.

A maior parte dos hidratos de carbono são amido e açúcares solúveis. O Egusi-itoo é o complemento perfeito para a dieta africana à base de cereais, em grande parte rica em amido, fornecendo um concentrado rico em proteínas e em energia (National Research Council. 2006).

A semente contém todos os macro e micro nutrientes importantes em quantidades ideais para a nutrição (Mbuli-Lingundi, *et al,* 1983). O conteúdo de aminoácidos das proteínas de egusi-itoo torna-as proteínas vegetais suficientes.

Esta composição é ideal para corpos doentes e em crescimento, fornecendo aminoácidos essenciais e calorias (National Research Council. 2006). Apenas 100 g de sementes fornecem diariamente as necessidades de ácidos gordos essenciais, aminoácidos e vitamina E (Mbuli-Lingundi, *et al,* 1983).

Há potencial para estas sementes como uma ferramenta crítica para intervenções em doenças como o murasmus e o kwashiorkor (National Research Council. 2006).

Informações práticas

Há necessidade de um conhecimento mais alargado sobre a *Cucumeropsis mannii*, a fim de repopularizar a cultura e divulgar os seus muitos benefícios. As ONG devem distribuir conhecimentos vitais sobre a propagação e o manuseamento da cultura e utilizar a cultura para intervenções nutricionais.

Deve ser dada importância a um momento de colheita específico. A colheita precoce ou tardia de *Cucumeropsis mannii* está correlacionada com a qualidade das sementes (Aloha e Johnson, 2013). É importante assegurar que o fruto tenha atingido a maturidade total antes da colheita, a fim de garantir o máximo rendimento do egusi itoo. A maturidade total é caracterizada pela secagem completa das folhas da planta (Aloha e Johnson, 2013). As sementes deste fruto devem ser colhidas após 65 dias de antese. Isto permite aumentar a capacidade de germinação das sementes armazenadas, garantindo rendimentos futuros produtivos.

Recomenda-se que os agricultores seleccionem as sementes com o peso mais elevado para obterem melhores resultados de germinação (Mbuli-Lingundi, *et al,* 1983). Para obter a melhor qualidade possível das sementes, recomenda-se que os frutos colhidos sejam deixados durante 10 a 20 dias para amadurecerem (Aloha e Johonson, 2012). Os campos de Dacus punctifrons devem ser objeto de rotação anual, uma vez que as pupas da mosca permanecem no solo (Egunjobi e Adebisi, 2004). O aumento da produção de egusi-itoo e as técnicas de armazenamento adequadas ajudarão os agricultores rurais de subsistência a aumentar a oferta de alimentos, permitindo simultaneamente a obtenção de lucros.

2.8 *Cucumis melo*

Família: Cucurbitaceae - Género: *Cucumis* L. Espécie: *Cucumis melo* L. Inglês: muskrnelon

O melão pode ser referido como uma planta ou um fruto. Foram produzidas muitas cultivares diferentes, nomeadamente de melões. A planta cresce como uma videira. Embora o melão seja um fruto, algumas variedades podem ser consideradas "legumes culinários".

A humanidade come melões há mais de 100.000 anos. Surpreendentemente, os melões nunca foram encontrados a crescer na natureza - a não ser que tenham escapado do jardim de alguém (Mabberley, DJ. 1987) Acredita-se que os melões têm uma relação tal como os humanos. Os primeiros colonos americanos cultivavam melões de melada e casaba já nos anos 1600. No entanto, apenas nos últimos tempos, estão disponíveis muitas mais variedades, muitas vezes fora de época nas mercearias.

Quando maduros, os investigadores cortaram melões, ananases, mangas, melancias, morangos e kiwis. Os frutos acabados de cortar foram depois lavados em água, secos, embalados em conchas (não a gás) e armazenados a 41 graus centígrados. Após 6 dias, as perdas de vitamina C foram inferiores a 5% nos pedaços de manga, morango e melancia, 10% nos pedaços de ananás, 12% nas fatias de kiwi e 25% nos cubos de meloa. Não se registaram perdas de carotenóides nas fatias de kiwis e nos cubos de melancia. O ananás perdeu 25%, seguido de 10-15% nos pedaços de meloa, manga e morango. Não foram encontradas perdas significativas de fitonutrientes fenólicos em nenhum dos produtos de fruta fresca cortada. "Contrariamente às expectativas, ficou claro que o processamento mínimo não teve quase nenhum efeito sobre os principais constituintes antioxidantes. (Gil, *et al* 2006). As alterações nos nutrientes antioxidantes observadas durante nove dias a cinco graus Celsius não afectariam significativamente a qualidade nutritiva da fruta fresca cortada. Em geral, os frutos frescos cortados estragam-se visualmente antes de ocorrer qualquer perda significativa de nutrientes", escreveu a investigadora principal Maria Gil. O melão não é um alimento comummente alergénico, não se sabe se contém quantidades mensuráveis de oxalatos ou purinas.

Cantaloupe

O melão é um melão que pertence à mesma família que o pepino, a abóbora, a abóbora e a cabaça e, tal como muitos dos seus parentes, cresce no solo numa trepadeira. Tem uma forma redonda ou oval e, geralmente, uma casca sem nervuras. A sua pele é caracterizada por uma rede, pelo que é também designada por melão com rede. Muitos dos melões disponíveis atualmente são híbridos de melões-melão e de melões verdadeiros e têm qualidades que reflectem ambos. A cor dos melões varia entre o amarelo alaranjado e o salmão e têm uma textura suave e sumarenta com um aroma doce e almiscarado que emana do melão quando está maduro.

Os melões com quantidades reduzidas de manteiga, sal e gorduras totais apresentam um risco mais elevado de cirurgia às cataratas. O beta-caroteno também tem sido objeto de extensa investigação em relação à prevenção do cancro e à prevenção dos danos causados pelo oxigénio nas células (Baybutt, et al, 2000). A meloa é também uma excelente fonte de vitamina C. Enquanto o beta-caroteno e a vitamina A são antioxidantes lipossolúveis, a vitamina C funciona como um antioxidante nas áreas hidrossolúveis do corpo. Assim, entre o seu teor de beta-caroteno e vitamina C, a meloa tem todas as áreas cobertas contra os danos causados pelos radicais livres de oxigénio. Para além da sua atividade antioxidante, a vitamina C é fundamental para o bom funcionamento do sistema imunitário. A vitamina C estimula os glóbulos brancos a combater as infecções, mata diretamente muitas bactérias e vírus e regenera a vitamina E depois de esta ter sido inactivada pelos radicais livres. Devido à multiplicidade de benefícios da vitamina C para a saúde, não é surpreendente que a investigação tenha demonstrado que o consumo de vegetais e frutos ricos neste nutriente está associado a um risco reduzido de morte por todas as causas, incluindo doenças cardíacas, acidentes vasculares cerebrais e cancro. Uma chávena de meloa contém 112,5% do valor diário deste conhecido antioxidante.

O melão também é considerado uma óptima fonte de potássio e uma boa fonte de vitamina B6, fibra dietética, folato e niacina (vitamina B3). A combinação de todas estas vitaminas do complexo B, juntamente com a fibra encontrada na meloa, faz dela um fruto excecionalmente bom para apoiar a produção de energia através de um bom metabolismo dos hidratos de carbono e da estabilidade do açúcar no sangue. Estas vitaminas do complexo B são necessárias nas nossas células para processar os hidratos de carbono (incluindo os açúcares), e a fibra da meloa ajuda a garantir que os açúcares da meloa são entregues na corrente sanguínea de forma gradual, mantendo o açúcar no sangue num nível equilibrado. O melão é uma excelente fonte de vitamina A e vitamina C.

Fig 8:- Cucumis melo

2.9 Antinutriente

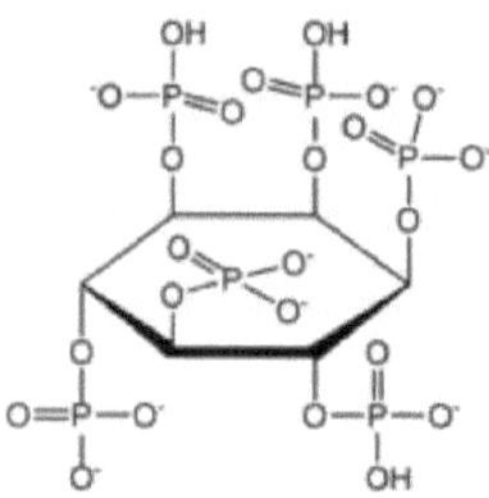

O ácido fítico é um antinutriente que interfere com a absorção dos minerais da dieta. **Os antinutrientes** são compostos naturais ou sintéticos que interferem com a absorção **de** nutrientes. Os estudos nutricionais centram-se nos antinutrientes que se encontram habitualmente nas fontes alimentares e nas bebidas.

Exemplos

Os inibidores de proteases são substâncias que inibem a ação da tripsina, da pepsina e de outras proteases no intestino, impedindo a digestão e a subsequente absorção de proteínas. Por exemplo, o inibidor da tripsina Bowman-Birk encontra-se na soja (Tan-Wilson et al, 1987). Os inibidores da lipase interferem com enzimas, como a lipase pancreática humana, que **catalisam** a hidrólise de alguns lípidos, incluindo as gorduras. Por exemplo, o medicamento anti-obesidade orlistat faz com que uma percentagem de gordura passe pelo trato digestivo sem ser digerida (Heck et **al**, 2000).

Os inibidores da amilase impedem a ação das enzimas que quebram as ligações glicosídicas dos amidos e de outros hidratos de carbono complexos, impedindo a libertação de açúcares simples e a sua absorção pelo organismo. Os inibidores da amilase, tal como os inibidores da lipase, têm sido utilizados como auxiliares de dieta e no tratamento da obesidade. Os inibidores da amilase estão presentes em muitos tipos de feijão; os inibidores da amilase disponíveis no mercado são extraídos do feijão branco (Preuss, 2009).

O ácido fítico tem uma forte afinidade de ligação a minerais como o cálcio, o magnésio, o ferro, o cobre e o zinco. Isto resulta em precipitação, tornando os minerais **indisponíveis** para absorção nos intestinos (Ekholm, et al 2003).

O ácido oxálico e os oxalatos estão presentes em muitos vegetais, nomeadamente nos membros da família dos espinafres. Os oxalatos ligam-se ao cálcio e impedem a sua absorção pelo organismo humano.

Os glucosinolatos impedem a absorção de iodo, afectando a função da tiroide, pelo que são considerados goitrogénios. Encontram-se nos brócolos, couves-de-bruxelas, repolho e couve-flor.

A ingestão excessiva dos nutrientes necessários pode também resultar numa ação anti-nutriente. A ingestão excessiva de fibras pode reduzir o tempo de trânsito intestinal de tal forma que outros nutrientes não podem ser absorvidos. Como o cálcio, o ferro, o zinco e o magnésio partilham o mesmo transportador no intestino, o consumo excessivo de um destes minerais pode levar à saturação do sistema de transporte e à redução da absorção dos outros minerais.[8] Algumas proteínas podem também ser antinutrientes, como os inibidores da tripsina e as lectinas presentes nas leguminosas (Gilani et al, 2005). Estes inibidores enzimáticos interferem com a digestão.

Outra forma particularmente comum de antinutrientes são os flavonóides, que são um grupo de compostos polifenólicos que incluem os taninos (Beecher et al, 2003).

Estes compostos quelatam metais como o ferro e o zinco e reduzem a absorção destes nutrientes, mas também inibem as enzimas digestivas e podem também precipitar as proteínas.

Ocorrência

Os antinutrientes encontram-se, de alguma forma, em quase todos os alimentos por diversas razões. No entanto, os seus níveis são reduzidos nas culturas modernas, provavelmente como resultado do processo de domesticação.

Muitos métodos tradicionais de preparação de alimentos, como a fermentação, a cozedura e a maltagem, aumentam a qualidade nutritiva dos alimentos vegetais através da redução de certos antinutrientes, como o ácido fítico, os polifenóis e o ácido oxálico (Hotz, 2007). Estes métodos de transformação são amplamente utilizados em sociedades onde os cereais e as leguminosas constituem uma parte importante da dieta (Chavan e Kadan,

1989)

Um exemplo importante deste tipo de transformação é a fermentação da mandioca para produzir farinha de mandioca. Esta fermentação reduz os níveis de toxinas e antinutrientes **no** tubérculo (Oboh, et al, 2007)

2.10 Ácido fítico

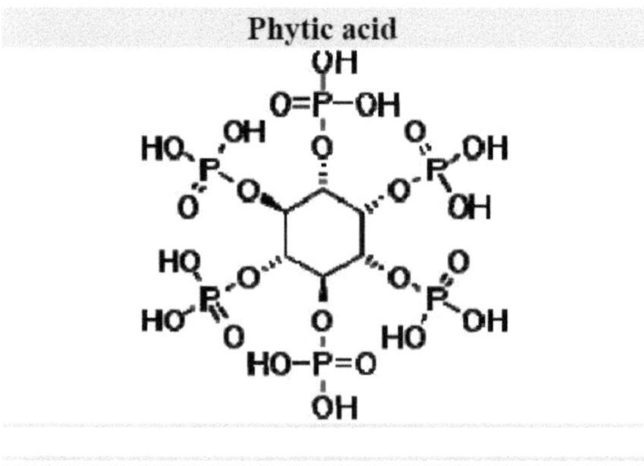

O ácido fítico (conhecido como **inositol hexakisfosfato (IP6)**, ou **fitato** quando em forma de sal), descoberto em 1903, um ácido cíclico saturado, é a principal forma de armazenamento de fósforo em muitos tecidos vegetais, especialmente farelo e sementes. O fitato não é digerível para os seres humanos nem para os animais não ruminantes, pelo que não é uma fonte de inositol nem de fosfato se ingerido diretamente. Além disso, o ácido fítico quelatiza e, por conseguinte, torna inabsorvíveis certos minerais menores importantes, como o zinco e o ferro, e, em menor grau, também os macrominerais, como o cálcio e o magnésio; **a fitina** refere-se especificamente à forma de sal de cálcio ou magnésio do ácido fítico (Forbes et al, 1984).

2.10.1. Importância na agricultura

O fósforo e o inositol sob a forma de fitato não estão, em geral, biodisponíveis para os animais não ruminantes porque estes animais não possuem a enzima digestiva fitase necessária para remover o fosfato do inositol na molécula de fitato. Por outro lado, os ruminantes digerem facilmente o fitato devido à fitase produzida pelos microrganismos do rúmen (Klopfenstein, et al., 2002).

Na maior parte da agricultura comercial, os animais não ruminantes, como os suínos, as aves e os peixes (Romarheim, et al, 2008), são alimentados principalmente com cereais, como o milho, e leguminosas, como a soja. Uma vez que o fitato destes grãos e feijões não está disponível para absorção, o fitato não absorvido passa através do trato gastrointestinal, aumentando a quantidade de fósforo no estrume. O excesso de excreção de fósforo pode levar a problemas ambientais, como a eutrofização.

A biodisponibilidade do fósforo do fitato pode ser aumentada através da suplementação da dieta com a enzima fitase. Além disso, foram desenvolvidas linhas mutantes viáveis com baixo teor de ácido fítico em várias espécies de culturas, nas quais as sementes têm níveis drasticamente reduzidos de ácido fítico e aumentos concomitantes de fósforo inorgânico. No entanto, os problemas de germinação registados têm impedido a utilização destas cultivares até à data.

A utilização de grãos germinados reduzirá a quantidade de ácidos fíticos na ração, sem redução significativa do valor nutricional (Malleshi, et al, 1986).

Os fitatos também têm potencial para serem utilizados na recuperação de solos, para imobilizar urânio, níquel e outros contaminantes inorgânicos.

2.10.2. Papéis biológicos e fisiológicos

Embora não possa ser digerido por muitos animais (como explicado acima), o ácido fítico e os seus metabolitos, tal como se encontram nas sementes e nos grãos, desempenham vários papéis importantes para a planta jovem. Nomeadamente, o ácido fítico funciona como um armazém de fósforo, como um armazém de energia, como uma fonte de catiões e como uma fonte de mioinositol (um precursor da parede celular). O ácido fítico é a principal forma de armazenamento de fósforo nas sementes das plantas.

Nas células animais, os polifosfatos de mio-inositol são omnipresentes, sendo o ácido fítico (mio-inositol hexakisfosfato) o mais abundante, com uma concentração que varia entre 10 e 100 uM nas células dos mamíferos, dependendo do tipo de célula e da fase de desenvolvimento. Este composto não é obtido a partir da dieta animal, mas tem de ser sintetizado no interior da célula a partir do fosfato e do inositol (que, por sua vez, é produzido a partir da glucose, normalmente nos rins). A interação do ácido fítico intracelular com proteínas intracelulares específicas foi investigada *in vitro,* tendo-se verificado que estas interações resultam na inibição ou potenciação das actividades fisiológicas dessas proteínas. As melhores provas destes estudos sugerem um papel intracelular do ácido fítico como cofator na reparação do ADN por ligação não homóloga. Outros estudos utilizando mutantes de levedura sugeriram também que o ácido fítico intracelular pode estar envolvido na exportação de ARNm do núcleo para o citosol.

Existem ainda grandes lacunas na compreensão desta molécula e as vias exactas do metabolismo do ácido fítico e do fosfato de inositol inferior são ainda desconhecidas. Como tal, os papéis fisiológicos exactos do ácido fítico intracelular são ainda objeto de debate.

2.10.3. Ciência alimentar

O ácido fítico encontra-se nas cascas dos frutos secos, sementes e grãos. As técnicas de preparação de alimentos em casa podem decompor o ácido fítico em todos estes alimentos. A simples cozedura dos alimentos reduzirá o ácido fítico até certo ponto. Os métodos mais eficazes são a imersão num meio ácido, a fermentação com ácido lático e a germinação.

O ácido fítico tem uma forte afinidade de ligação a minerais importantes, como o cálcio, o ferro e o zinco, embora a ligação do cálcio ao ácido fítico seja dependente do pH.[19] A ligação do ácido fítico ao ferro é mais complexa, embora exista certamente uma forte afinidade de ligação, moléculas como os fenóis e os taninos também influenciam a ligação (Prom-U-Thai, 2006). Quando o ferro e o zinco se ligam ao ácido fítico, formam um precipitado insolúvel e são muito menos absorvíveis nos intestinos.

Este processo pode, por isso, contribuir para deficiências de ferro e zinco em pessoas cujas dietas dependem destes alimentos para a sua ingestão de minerais, tais como as dos países em desenvolvimento e os vegetarianos. Ao contrário, um estudo correlacionou a diminuição do risco de osteoporose com o consumo de ácido fítico. Actua também como um ácido, quelando a vitamina niacina, cuja deficiência é conhecida como pelagra. Neste sentido, trata-se de um antinutriente, apesar dos seus possíveis efeitos terapêuticos. Para as pessoas com um consumo particularmente baixo de minerais essenciais, nomeadamente nos países em desenvolvimento, este efeito pode ser indesejável.

Os lactobacilos probióticos, bem como outras espécies da microflora digestiva endógena, são uma fonte importante da enzima fitase, que catalisa a libertação de fosfato do fitato e hidrolisa os complexos formados pelo fitato e pelos iões metálicos ou outros catiões, tornando-os mais solúveis, o que acaba por melhorar e facilitar a sua absorção intestinal.

Fontes alimentares de ácido fítico (Phillippy, et al 2002)

Alimentação	**[% mínimo seco]**	**[% máximo seco]**
Sementes de linhaça	2.15	2.78
Farinha de sementes de sésamo	5.36	5.36
Amêndoas	1.35	3.22
Castanhas do Brasil	1.97	6.34
Côco	0.36	0.36
Avelã	0.65	0.65

Amendoim	0.95	1.76
Noz	0.98	0.98
Milho	0.75	2.22
Aveia	0.42	1.16
Farinha de aveia	0.89	2.40
Arroz integral	0.84	0.99
Arroz polido	0.14	0.60
Trigo	0.39	1.35
Farinha de trigo	0.25	1.37
Germe de trigo	0.08	1.14
Pão de trigo integral	0.43	1.05
Feijões, pinto	2.38	2.38
Grão-de-bico	0.56	0.56
Lentilhas	0.44	0.50
Soja	1.00	2.22
Tofu	1.46	2.90
Bebida de soja	1.24	1.24

Fontes alimentares de ácido fítico (Phillippy, et al 2002)

Alimentos	**[% mínimo seco]**	**[% máximo seco]**
Concentrado de proteínas de soja	1.24	2.17
Batata nova	0.18	0.34
Espinafres	0.22	NR

2.11 Oxalato

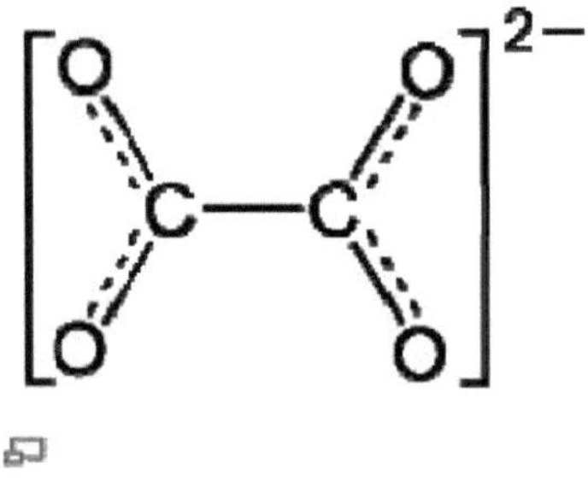

A estrutura do anião oxalato de toe

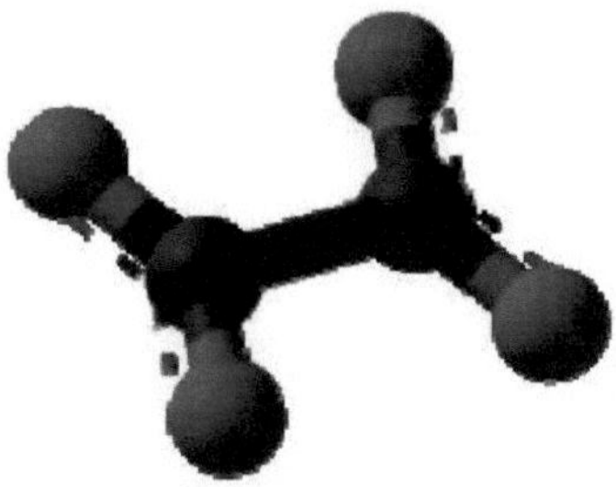

Um modelo de oxalato em forma de bola e bastão

O oxalato (IUPAC: **etanodioato**) é o diânion com a fórmula $C_2O_4^{2-}$, também escrito $(COO)_2^{2-}$. Qualquer destas designações é frequentemente utilizada para derivados, tais como sais de ácido oxálico (por exemplo, oxalato de sódio, $((Na^+)_2C_2O_4^{2-})$ Oou seus ésteres (por exemplo, oxalato de dimetilo, $(CH_3)_2C_2O_4$). O oxalato forma também compostos de coordenação, sendo por vezes abreviado como

Muitos iões metálicos formam precipitados insolúveis com o **oxalato**, sendo um exemplo proeminente o oxalato de cálcio, o principal constituinte do tipo mais comum de cálculos renais.

Relação com o ácido oxálico

A dissociação dos protões do ácido oxálico processa-se de forma gradual, tal como acontece com outros ácidos polipróticos. A perda de um único protão resulta no anião monovalente hidrogenoxalato. Muitos iões metálicos formam precipitados insolúveis com o oxalato, sendo um exemplo proeminente o oxalato de cálcio, o principal constituinte do tipo mais comum de cálculos renais.

2.11.1. Relação com o ácido oxálico

A dissociação dos protões do ácido oxálico processa-se de forma gradual, tal como para outros ácidos polipróticos. A perda de um único protão resulta no anião monovalente hidrogenoxalato $HC_2O_4^-$. Um sal com este anião é por vezes designado por **oxalato ácido**, **oxalato monobásico** ou **oxalato de hidrogénio**. A constante de equilíbrio (K_a) para a perda do primeiro protão é $5{,}37\times10^{-2}$ (pK_a = 1,27).

A perda do segundo protão, que dá origem ao ião oxalato, tem uma constante de equilíbrio de $5,25\times10^{-5}$ (pK_a = 4,28). Estes valores implicam que, em soluções com pH neutro, não existe ácido oxálico e apenas quantidades vestigiais de oxalato de hidrogénio (Wilhelm et al., 2002).

A literatura é frequentemente pouco clara quanto à distinção entre $H_2C_2O_4$, $HC_2O_4^-$, e $C_2O_4^{2-}$, e a coleção de espécies é referida como ácido oxálico.

2.11.2. Estrutura

A cristalografia de raios X de sais de oxalato simples mostra que o anião oxalato pode adotar uma conformação planar com simetria molecular D_{2h} ou uma conformação em que os diedros O-C-C-O se aproximam de 90° com simetria aproximada D_{2d} . Especificamente, a porção de oxalato adopta a conformação planar, D_{2h} nas estruturas de estado sólido de $M_2C_2O_4$ (M = Li, Na, K) (Reed et al, 1981). No entanto, na estrutura do $Cs_2C_2O_4$ o ângulo diedro O-C-C-O é de 81(1)°. Por conseguinte, o $Cs_2C_2O_4$ é mais aproximado de uma estrutura de simetria D_{2d} porque os dois planos CO_2 são escalonados. Curiosamente, duas formas de $Rb_2C_2O_4$ foram caracterizadas estruturalmente por difração de raios X num único cristal: uma contém um oxalato planar e a outra um oxalato escalonado.

Como os exemplos anteriores indicam que a conformação adoptada pelo diânion oxalato depende do tamanho do metal alcalino ao qual está ligado, alguns exploraram a barreira à rotação em torno da ligação C-C central. Foi determinado computacionalmente que a barreira à rotação em torno desta ligação é de cerca de 2-6 kcal/mol para o diânion livre, $C_2O_4^{2-}$.

Estes resultados são consistentes com a interpretação de que a ligação carbono-carbono central é melhor considerada como uma ligação simples com apenas interações pi mínimas entre as duas unidades de CO_2 .

Esta barreira à rotação em torno da ligação C-C (que corresponde formalmente à diferença de energia entre as formas planar e escalonada) pode ser atribuída a interações electrostáticas, uma vez que a repulsão desfavorável O-O é maximizada na forma planar.

É importante notar que o oxalato é frequentemente encontrado como um ligando quelante bidentado, como no ferrioxalato de potássio. Quando o oxalato se quela a um único centro metálico, adopta sempre a conformação planar.

2.11.3. Ocorrência na natureza

O oxalato ocorre em muitas plantas, onde é sintetizado através da oxidação incompleta dos hidratos de carbono.

As plantas ricas em oxalato incluem a galinha gorda ("quartos de borrego"), a azeda e várias espécies de *Oxalis*. A raiz e/ou as folhas do ruibarbo e do trigo mourisco são ricas em ácido oxálico. Outras plantas comestíveis que contêm concentrações significativas de oxalato incluem - por ordem decrescente - carambola, pimenta preta, salsa, sementes de papoila, amaranto, espinafres, acelga, beterraba, cacau, chocolate, a maioria dos frutos secos, a maioria das bagas, palmeiras rabo-de-peixe, espinafres da Nova Zelândia. As folhas da planta do chá *(Camellia sinensis')* contêm uma das maiores concentrações medidas de ácido oxálico relativamente a outras plantas. No entanto, a bebida obtida por infusão em água quente contém normalmente apenas quantidades baixas a moderadas de ácido oxálico por dose, devido à pequena massa de folhas utilizada para a preparação.

No organismo, o ácido oxálico combina-se com catiões metálicos divalentes, como o cálcio (Ca^{2+}) e o ferro (II) (Fe^{2+}), para formar cristais dos oxalatos correspondentes, que são depois excretados na urina sob a forma de cristais minúsculos. Estes oxalatos podem formar cálculos renais maiores que podem obstruir os túbulos renais. Estima-se que 80% dos cálculos renais sejam formados por oxalato de cálcio (Coe et al, 2005).

O oxalato de magnésio (Mg^{2+}) é 567 vezes mais solúvel do que o oxalato de cálcio, pelo que este último tem mais probabilidades de se precipitar quando os níveis de magnésio são baixos e os níveis de cálcio e de oxalato são elevados.

O oxalato de magnésio é um milhão de vezes mais solúvel do que o oxalato de mercúrio. A solubilidade do oxalato para outros metais diminui na ordem Ca > Cd > Zn > {Mn,Ni,Fe,Cu} > {As,Sb,Pb} > Hg. O oxalato de ferro (II), altamente insolúvel, parece desempenhar um papel importante na gota, na nucleação e crescimento do urato de sódio, que de outra forma seria extremamente solúvel. Isto explica porque é que a gota aparece normalmente depois dos 40 anos, quando os níveis de ferritina no sangue excedem os 100 ng/dl. A cerveja é rica em oxalato e ferro, e o etanol aumenta a absorção de ferro e a eliminação de magnésio, pelo que a ingestão de cerveja aumenta consideravelmente o risco de um ataque de gota.

O cádmio catalisa a transformação da vitamina C em ácido oxálico. Isto pode ser um problema para as pessoas expostas a níveis elevados de cádmio na alimentação, no local de trabalho ou através do tabaco.

Em estudos com ratos, os suplementos de cálcio administrados juntamente com alimentos ricos em ácido oxálico podem provocar a precipitação do oxalato de cálcio no intestino e reduzir os níveis de oxalato absorvidos pelo organismo (em 97% nalguns casos). (Morozumi et al, 2006).

Alguns fungos do género *Aspergillus* produzem ácido oxálico, que reage com o cálcio do sangue ou dos tecidos para precipitar o oxalato de cálcio (Pabuccuoglu, 2005).

Existem algumas provas preliminares de que a administração de probióticos pode afetar positivamente as taxas de excreção de ácido oxálico (Lieske et al, 2005).

2.11.4. Como ligante

O oxalato, a base conjugada do ácido oxálico, é um excelente ligando para iões metálicos. Liga-se geralmente como ligando bidentado, formando um anel de 5 membros MO_2C_2. Um complexo ilustrativo é o ferrioxalato de potássio, $K_3[Fe(C_2O_4)_3]$. O fármaco oxaliplatina apresenta uma solubilidade em água melhorada em relação aos fármacos mais antigos à base de platina, evitando o efeito secundário de nefrotoxicidade que limita a dose. O ácido oxálico e os oxalatos podem ser oxidados pelo permanganato numa reação autocatalítica. Uma das principais aplicações do ácido oxálico é a remoção de ferrugem, que surge porque o oxalato forma derivados solúveis em água com o ião férrico.

2.11.5. Segurança

Embora seja invulgar, o consumo de oxalatos (por exemplo, o pastoreio de animais em plantas que contêm oxalatos, como o greasewood ou a *Bassia hyssopifolia,* ou o consumo humano de azeda) pode resultar em doenças renais ou mesmo na morte devido a envenenamento por oxalatos. A presença de *Oxalobacter formigenes* na flora intestinal pode evitar esta situação.

O cádmio catalisa a transformação da vitamina C em ácido oxálico e pode resultar do consumo excessivo de tabaco, da ingestão de produtos contaminados com cádmio ou da exposição industrial ao cádmio.

2.12.0. Tanino

Um **tanino** (também conhecido como *tanino vegetal, tanino orgânico natural* ou, por vezes, *tanóide,* ou seja, um tipo de biomolécula, por oposição ao tanino sintético moderno) é um composto polifenólico vegetal adstringente e amargo que se liga e precipita proteínas e vários outros compostos orgânicos, incluindo aminoácidos e alcalóides.

O termo tanino (de *tanna,* uma palavra do antigo alto alemão para carvalho ou abeto, como em Tannenbaum) refere-se à utilização de taninos de madeira de carvalho no curtimento de peles de animais em couro; daí as palavras "tan" e "curtimento" para o tratamento de couro. No entanto, o termo "tanino", por extensão, é amplamente aplicado a qualquer grande composto polifenólico que contenha hidroxilos suficientes e outros grupos adequados (como carboxilos) para formar complexos fortes com várias macromoléculas.

Os compostos de tanino estão amplamente distribuídos em muitas espécies de plantas, onde desempenham um papel na proteção contra a predação, e talvez também como pesticidas, e na regulação do crescimento das plantas (Katie, 2006). A adstringência dos taninos é o que causa a sensação de secura e de pele seca na boca após o consumo de fruta não madura ou de vinho (McGee, 2004). Do mesmo modo, a destruição ou modificação dos taninos ao longo do tempo desempenha um papel importante no amadurecimento da fruta e no envelhecimento do vinho.

2.12.1. Estrutura e classes de taninos

Existem três classes principais de taninos: A seguir é apresentada a unidade de base ou monómero do tanino. Particularmente nos taninos derivados de flavonas, a base apresentada deve ser (adicionalmente) fortemente hidroxilada e polimerizada de modo a obter o motivo polifenólico de elevado peso molecular que caracteriza os taninos. Normalmente, as moléculas de tanino requerem pelo menos 12 grupos hidroxilo e pelo menos cinco grupos fenilo para funcionarem como ligantes proteicos.

Unidade de base:

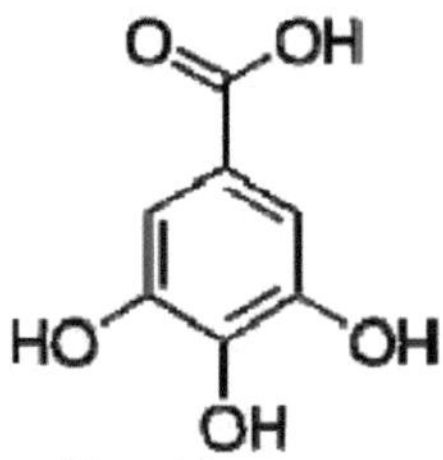
Gallic acid

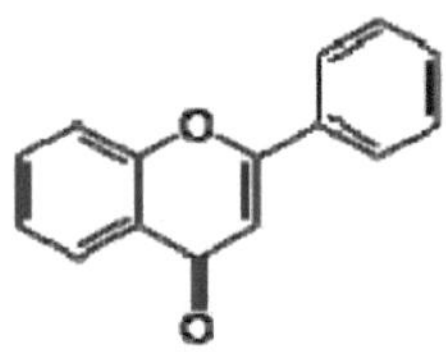
Flavone

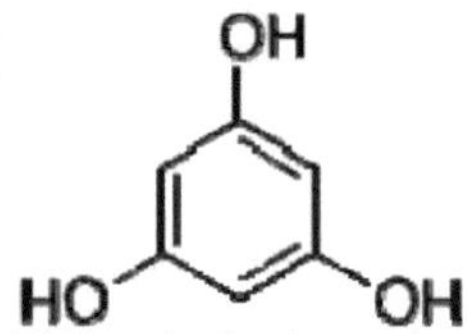
Phloroglucinol

Classe/Polímero:	Taninos hidrolisáveis	Taninos não hidrolisáveis ou condensados	Clorotaninos
Fontes	Plantas	Plantas	Algas castanhas

Pseudo taninos

Os pseudo-taninos são compostos de baixo peso molecular associados a outros compostos. Eles não mudam de cor durante o **teste** cutâneo de Goldbeater, ao contrário dos taninos hidrolisáveis e condensados, e não podem ser usados como compostos de bronzeamento. Alguns exemplos de pseudo taninos e suas fontes são (Ashutosh Kar 2003).

Pseudo-tanino	**Origem(s)**
Ácido gálico	Ruibarbo
Flavan-3-óis *(catequinas)*	Chá, acácia, catechu, cacau, guaraná
Ácido clorogénico	Nux-vomica, café, mate
Ácido ipecacuânico	*Carapichea ipecacuanha*

2.12.2. História

Maximilian Nierenstein estudou os fenóis e taninos naturais (Drabble, 1997) presentes em diferentes espécies vegetais.

Em 1966, Edwin Haslam propôs uma primeira definição abrangente de polifenóis vegetais com base nas propostas anteriores de Bate-Smith, Swain e White, que inclui caraterísticas estruturais específicas comuns a todos os fenólicos com propriedades de bronzeamento. É referida como a definição White-Bate-Smith-Swain-Haslam (WBSSH) (Haslam e Edwin, 2007).

2.12.3. Ocorrência

Os taninos estão distribuídos em espécies por todo o reino vegetal. Encontram-se habitualmente tanto nas gimnospérmicas como nas angiospérmicas. Mole[16] (1993) estudou a distribuição de taninos em 180 famílias de dicotiledóneas e 44 famílias de monocotiledóneas (Cronquist). A maioria das famílias de dicotiledóneas contém espécies sem taninos (testadas pela sua capacidade de precipitar proteínas). As famílias mais conhecidas, nas quais todas as espécies testadas contêm taninos, são: Aceraceae, Actinidiaceae, Anacardiaceae, Bixaceae, Burseraceae, Combretaceae, Dipterocarpaceae, Ericaceae, Grossulariaceae, Myricaceae para as dicotiledóneas e Najadaceae e Typhaceae nas monocotiledóneas. Para a família do carvalho, Fagaceae, 73% das espécies testadas (N = 22) contêm tanino. Para a família das acácias, Mimosaceae, apenas 39% das espécies testadas (N = 28) contêm tanino, entre as Solanaceae a taxa desce para 6% e 4% para as Asteraceae. Algumas famílias como as Boraginaceae, Cucurbitaceae, Papaveraceae não contêm espécies ricas em taninos.

Os polifenóis mais abundantes são os taninos condensados, que se encontram em praticamente todas as famílias de plantas e que representam até 50% do peso seco das folhas. Os taninos das madeiras tropicais tendem a ser de natureza catética em vez do tipo gálico presente nas madeiras temperadas.[17] Pode haver uma perda na biodisponibilidade de outros taninos nas plantas devido a aves, pragas e outros agentes patogénicos CKa (Kadam et al, 1990).

Localização em órgãos vegetais

Os taninos encontram-se nos tecidos das folhas, dos gomos, das sementes, das raízes e do caule. Um exemplo da localização dos taninos no tecido do caule é o facto de se encontrarem frequentemente nas áreas de crescimento das árvores, como o floema e o xilema secundários e a camada entre o córtex e a epiderme. Os taninos podem ajudar a regular o crescimento destes tecidos.

Localização celular

Em todas as plantas vasculares estudadas até à data, os taninos são fabricados por um organelo derivado do cloroplasto, o tanossoma. Os taninos estão principalmente localizados fisicamente nos vacúolos ou na cera superficial das plantas. Estes locais de armazenamento mantêm os taninos activos contra os predadores das plantas, mas também impedem que alguns taninos afectem o metabolismo das plantas enquanto o tecido vegetal está vivo; só após a decomposição e a morte celular é que os taninos são activos nos efeitos metabólicos.

Os taninos são classificados como substâncias ergásticas, ou seja, materiais não protoplasmáticos encontrados nas células. Os taninos, por definição, precipitam as proteínas. Nesta condição, eles devem ser armazenados em organelos capazes de suportar o processo de precipitação de proteínas. Idioblastos são células vegetais isoladas que diferem dos tecidos vizinhos e contêm substâncias não vivas. Têm várias funções, como o armazenamento de reservas, materiais excretores, pigmentos e minerais. Podem conter óleo, látex, goma, resina ou pigmentos, etc. Também podem conter taninos. Nos frutos de dióspiro japonês *(Diospyros kaki)*, o tanino acumula-se no vacúolo das células de tanino, que são idioblastos de células parenquimatosas na polpa.

Presença nos solos

A evolução convergente de comunidades vegetais ricas em taninos ocorreu em solos ácidos pobres em nutrientes em todo o mundo. Em tempos, pensava-se que os taninos funcionavam como defesas anti-herbívoras, mas cada vez mais ecologistas os reconhecem como importantes controladores dos processos de decomposição e de ciclagem do azoto. À medida que aumenta a preocupação com o aquecimento global, há um grande interesse em compreender melhor o papel dos polifenóis como reguladores do ciclo do carbono, em particular nas florestas boreais do norte.

A folhagem e outras partes em decomposição de um kauri *(Agathis australis),* uma espécie de árvore encontrada na Nova Zelândia, decompõem-se muito mais lentamente do que as da maioria das outras espécies. Para além da sua acidez, a planta também contém substâncias como ceras e fenóis, sobretudo taninos, que são prejudiciais para os microrganismos.

2.12.4. Nutrição

Os taninos têm sido tradicionalmente considerados antinutricionais, mas sabe-se atualmente que as suas propriedades benéficas ou antinutricionais dependem da sua estrutura química e dosagem.

As novas tecnologias utilizadas para analisar as estruturas moleculares e químicas mostraram que uma divisão em taninos condensados e hidrolisáveis é demasiado simplista (Mullar et al, 1992). Estudos recentes demonstraram que os produtos que contêm taninos de castanheiro incluídos em doses baixas (0,15-0,2%) na dieta de frangos podem ser benéficos (Schiavone et al, 2008). Alguns estudos sugerem que os taninos de castanheiro demonstraram ter efeitos positivos na qualidade das silagens de fardo redondo, em particular reduzindo o NPN (azoto não proteico) no nível mais baixo de murchidão (Tabacco et al, 2006)

A melhoria da fermentabilidade do azoto da farinha de soja no rúmen foi também referida por F. Mathieu e J. P. Jouany (1993). Estudos realizados por S. Gonzalez et al. (2002) sobre a libertação *in vitro* de amoníaco e a degradação da matéria seca da farinha de soja, comparando três tipos diferentes de taninos (quebracho, acácia e castanheiro), demonstraram que os taninos de castanheiro são mais eficazes na proteção da farinha de soja contra a degradação *in vitro* pelas bactérias ruminais.

Os taninos condensados inibem a digestão dos herbívoros, ligando-se às proteínas vegetais consumidas e tornando-as mais difíceis de digerir pelos animais, e interferindo com a absorção de proteínas e com as enzimas digestivas (para mais informações sobre este tópico, ver defesa das plantas contra a herbivoria). Muitos animais que consomem taninos segregam uma proteína de ligação aos taninos (mucina) na sua saliva. A capacidade de ligação aos taninos da mucina salivar está diretamente relacionada com o seu teor de prolina. As vantagens da utilização de proteínas salivares ricas em prolina (PRPs) para inativar os taninos são

- Os PRP inactivam os taninos em maior grau do que as proteínas alimentares, o que resulta numa redução das perdas de azoto fecal

- Os PRP contêm azoto não específico e aminoácidos não essenciais, o que os torna mais convenientes para o animal explorar, em vez de utilizar as valiosas proteínas da dieta.

2.12.5. Efeitos dos taninos na saúde

A produção de tanino começou no início do século XIX com a revolução industrial, para produzir material de curtimento para a necessidade de mais couro. Até essa altura, os processos utilizavam material vegetal e eram longos (até seis meses).

O mercado dos taninos vegetais registou um colapso nos anos 50-1960, devido ao aparecimento de taninos sintéticos e à escassez de taninos vegetais durante a Segunda Guerra Mundial. Nessa altura, muitas pequenas indústrias de taninos encerraram. Estima-se que os taninos vegetais sejam utilizados para a produção de 10-20% da produção mundial de couro.

O custo do produto final depende do método utilizado para a extração dos taninos, nomeadamente da utilização de solventes, álcalis e outros produtos químicos utilizados (por exemplo, glicerina). Para grandes quantidades, o método mais rentável é a extração com água quente.

O ácido tânico é utilizado em todo o mundo como agente clarificante em bebidas alcoólicas e como ingrediente aromático em bebidas alcoólicas e refrigerantes ou sumos. Os taninos de diferentes origens botânicas também são amplamente utilizados na indústria vinícola.

2.13.0. Zinco

Da Wikipédia, a enciclopédia livreO **zinco**, também conhecido no comércio como **spelter**, é um elemento químico metálico; tem o símbolo **Zn** e o número atómico 30. É o primeiro elemento do grupo 12 da tabela periódica. O zinco é, em alguns aspectos, quimicamente semelhante ao magnésio, porque o seu ião é de tamanho semelhante e o seu único estado de oxidação comum é +2. O zinco é o 24º elemento mais abundante na crosta terrestre e tem cinco isótopos estáveis. O minério de zinco mais comum é a esfalerite (blenda de zinco), um mineral de sulfureto de zinco. As maiores quantidades exploráveis encontram-se na Austrália, na Ásia e nos Estados Unidos. A produção de zinco inclui a flotação de espuma do minério, a torrefação e a extração final com recurso a eletricidade (electrowinning).

O latão, que é uma liga de cobre e zinco, é utilizado pelo menos desde o século X a.C. na Judeia e desde o século VII a.C. na Grécia Antiga. O zinco metálico não foi produzido em grande escala até ao século XII na Índia, enquanto o metal era desconhecido na Europa até ao final do século XVI. As minas do Rajastão fornecem provas definitivas da produção de zinco que remontam ao século VI a.C. Até à data, as provas mais antigas da existência de zinco puro provêm de Zawar, no Rajastão, já no século IX d.C., quando o processo de destilação era utilizado para produzir zinco puro. Os alquimistas queimavam o zinco no ar para formar aquilo a que chamavam "lã de filósofo" ou "neve branca".

O elemento foi provavelmente batizado pelo alquimista Paracelso com a palavra alemã *Zinke.* Ao químico alemão Andreas Sigismund Marggraf é normalmente atribuído o crédito pela descoberta do zinco metálico puro em 1746. Os trabalhos de Luigi Galvani e Alessandro Volta revelaram as propriedades electroquímicas do zinco em 1800. O revestimento de ferro com zinco resistente à corrosão (galvanização por imersão a quente) é a principal aplicação do zinco. Outras aplicações são em baterias, pequenas peças fundidas não estruturais e ligas, como o latão. É comum a utilização de uma variedade de compostos de zinco, como o carbonato de zinco e o gluconato de zinco (como suplementos alimentares), o cloreto de zinco (em desodorizantes), a piritiona de zinco (champôs anti-caspa), o sulfureto de zinco (em tintas luminescentes) e o zinco metílico ou o zinco dietil no laboratório orgânico.

O zinco é um mineral essencial de "excecional importância biológica e para a saúde pública (Hambidge e Kreb, 2007) .

A deficiência de zinco afecta cerca de dois mil milhões de pessoas no mundo em desenvolvimento e está associada a muitas doenças (Prasad, 2003).

Nas crianças, causa atraso no crescimento, atraso na maturação sexual, suscetibilidade a infecções e diarreia, contribuindo para a morte de cerca de 800 000 crianças por ano em todo o mundo (Hambidge e Kreb, 2007).

As enzimas com um átomo de zinco no centro reativo são muito comuns na bioquímica, como a álcool desidrogenase nos seres humanos. O consumo de zinco em excesso pode causar ataxia, letargia e deficiência de cobre.

2.13.1. Suplemento alimentar

O zinco está incluído na maioria dos suplementos vitamínicos e minerais diários de venda livre, em comprimido único. As preparações incluem óxido de zinco, acetato de zinco e gluconato de zinco (DiSilvestro e Robert, 2994). Pensa-se que possui propriedades antioxidantes, que podem proteger contra o envelhecimento acelerado da pele e dos músculos do corpo; os estudos divergem quanto à sua eficácia (Milbury et al, 2008)

O zinco também ajuda a acelerar o processo de cicatrização após uma lesão. Suspeita-se também que seja benéfico para o sistema imunitário do corpo. De facto, a deficiência de zinco pode ter efeitos em praticamente todas as partes do sistema imunitário humano (Keen e Gershwin, 1990).

A deficiência de zinco tem sido associada à perturbação depressiva major (MDD), e os suplementos de zinco podem ser um tratamento eficaz (Swarfager et al, 2013).

O zinco é uma ferramenta simples, barata e essencial para o tratamento de episódios de diarreia em crianças no mundo em desenvolvimento. O zinco esgota-se no corpo durante a diarreia, mas estudos recentes sugerem que a reposição de zinco com um tratamento de 10 a 14 dias pode reduzir a duração e a gravidade dos episódios de diarreia e pode também prevenir futuros episódios até três meses (Bhutta et al, 2000)

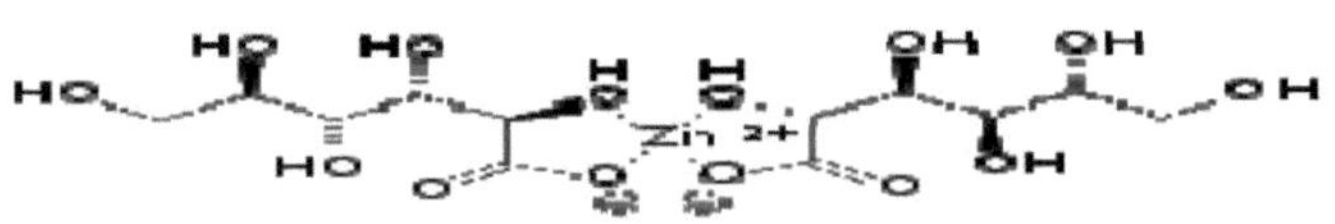

O gluconato de zinco é um composto utilizado para a administração de zinco como suplemento alimentar.

O Age-Related Eye Disease Study determinou **que** o zinco pode fazer parte de um tratamento eficaz para a degenerescência macular relacionada com a idade. A suplementação com zinco é um tratamento eficaz para a acrodermatite enteropática, uma doença **genética** que afecta a absorção de zinco e que anteriormente era fatal para os bebés que nasciam com ela.

A gastroenterite é fortemente atenuada pela ingestão de zinco, e este efeito pode dever-se à ação antimicrobiana direta dos iões de zinco no trato **gastrointestinal**, ou à absorção do zinco e à sua libertação pelas células imunitárias (todos os granulócitos segregam zinco), ou a ambos (Aydemir et al, 2006).

Em 2011, investigadores do John Jay College of Criminal Justice relataram que os suplementos dietéticos de zinco podem mascarar a presença de drogas na urina. Foram feitas afirmações semelhantes em fóruns na Internet sobre este tema.

Embora ainda não tenha sido testado como terapia em humanos, um conjunto crescente de evidências indica que o zinco pode matar preferencialmente as células cancerígenas da próstata. Uma vez que o zinco se encontra naturalmente na próstata e que esta é acessível através de procedimentos relativamente não invasivos, o seu potencial como agente quimioterapêutico neste tipo de cancro tem-se mostrado promissor (Shah et al, 2009).

No entanto, outros estudos demonstraram que a utilização crónica de suplementos de zinco em doses superiores às recomendadas pode aumentar a probabilidade de desenvolver cancro da próstata, provavelmente devido à acumulação natural deste metal pesado na próstata. estudos demonstraram que a utilização crónica de suplementos de zinco em (Leitzmann, et al 2003).

Pastilhas de zinco e a constipação comum

Artigo principal: O zinco e a constipação comum

Existem fortes provas de que as pastilhas de zinco reduzem a duração das constipações. Os resultados mais positivos foram encontrados em estudos nos quais foi utilizado acetato de zinco, aparentemente porque o acetato não se liga aos iões de zinco.[140][141] Três ensaios com doses elevadas que utilizaram acetato de zinco registaram uma redução média de 42% na duração das constipações (Hemila, 2011).

Não há preocupação com a toxicidade do zinco nas dosagens que foram usadas nos ensaios com acetato de zinco com 80-100 mg/dia de zinco elementar. O efeito das pastilhas de zinco parece ter lugar localmente na orofaringe, pelo que não se trata de um efeito sistémico, ou seja, o efeito não é um efeito de suplemento alimentar.

Utilização tópica

A administração tópica de preparações de zinco inclui as utilizadas na pele, frequentemente sob a forma de óxido de zinco. Os preparados de zinco podem proteger contra as queimaduras solares no verão e contra as queimaduras provocadas pelo vento no inverno. Aplicado em camada fina na zona da fralda do bebé (períneo) em cada muda de fralda, pode proteger contra assaduras.

2.13.2. Papel biológico

O zinco é um oligoelemento essencial, necessário para as plantas, (Broadley, et al 2008) animais, (Prasad A. S. (2008). e microorganismos. O zinco encontra-se em cerca de 100 enzimas específicas (outras fontes dizem 300), serve como iões estruturais em factores de transcrição e é armazenado e transferido em metalotioneínas.

É "tipicamente o segundo metal de transição mais abundante nos organismos" depois do ferro e é o único metal que aparece em todas as classes de enzimas {Broadley, 2007).

Nas proteínas, os iões Zn estão frequentemente coordenados com as cadeias laterais de aminoácidos do ácido aspártico, ácido glutâmico, cisteína e histidina. A descrição teórica e computacional desta ligação do zinco às proteínas (bem como a de outros metais de transição) é difícil (Brandt, 2009). Existem 2-4 gramas de zinco distribuídos pelo corpo humano (Rink, 2000). A maior parte do zinco encontra-se no cérebro, músculo, ossos, rins e fígado, com as concentrações mais elevadas na próstata e em partes do olho (Wapnir, 1990).

O sémen é particularmente rico em zinco, que é um fator chave na função da glândula prostática e no crescimento dos órgãos reprodutores (Berdanier, et al, 2007).

Nos seres humanos, o zinco desempenha "papéis biológicos omnipresentes". Interage com "uma vasta gama de ligandos orgânicos" e tem funções no metabolismo do ARN e do ADN, na transdução de sinais e na expressão genética. Também regula a apoptose. Um estudo de 2006 estimou que cerca de 10% das proteínas humanas (2800) se ligam potencialmente ao zinco, para além de centenas que transportam e traficam zinco; um estudo *in silico* semelhante na planta *Arabidopsis thaliana* encontrou 2367 proteínas relacionadas com o zinco.

No cérebro, o zinco é armazenado em vesículas sinápticas específicas pelos neurónios glutamatérgicos e pode "modular a excitabilidade do cérebro", desempenhando um papel fundamental na plasticidade sináptica e, por conseguinte, na aprendizagem (Nakashima, 2006). No entanto, tem sido chamado "o cavalo negro do cérebro, uma vez que também pode ser uma neurotoxina, sugerindo que a homeostase do zinco desempenha um papel crítico no funcionamento normal do cérebro e do sistema nervoso central (Bitanihirwe e Cunningham, 2009).

Enzimas

O zinco é um ácido de Lewis eficiente, o que o torna um agente catalítico útil na hidroxilação e noutras reacções enzimáticas. O metal tem também uma geometria de coordenação flexível, que permite às proteínas que o utilizam mudar rapidamente de conformação para realizar reacções biológicas (Stipanuk, 2006).

Dois exemplos de enzimas que contêm zinco são a anidrase carbónica e a carboxipeptidase, que são vitais para os processos de regulação do dióxido de carbono (CO_2) e de digestão das proteínas, respetivamente.

No sangue dos invertebrados, a carbonicanidrase converte o CO_2 em bicarbonato e a mesma enzima transforma o bicarbonato novamente em CO_2 para exalação através dos pulmões.

Sem esta enzima, esta conversão ocorreria cerca de um milhão de vezes mais lentamente no pH sanguíneo normal de 7 ou exigiria um pH de 10 ou mais.

A β-anidrase carbónica não relacionada é necessária nas plantas para a formação de folhas, a síntese de ácido indol acético (auxina) e a fermentação alcoólica (Gadallah, 2000).

A carboxipeptidase cliva as ligações peptídicas durante a digestão das proteínas. É formada uma ligação covalente coordenada entre o péptido terminal e um grupo C=O ligado ao zinco, o que confere ao carbono uma carga positiva. Isto ajuda a criar uma bolsa hidrofóbica na enzima perto do zinco, que atrai a parte não polar da proteína que está a ser digerida

CAPÍTULO 3

3.0 MATERIAIS E MÉTODOS

3.1 Fontes das sementes de melão e preparação do Ogiri.

As sementes de melão, *Cucumeropsis manii, Cucumis melo e Citrullus colocynthis,* foram compradas num mercado aberto em Lagos (mercado de Mushin). As sementes foram descascadas e selecionadas para remover a sujidade e as sementes em decomposição, lavadas e fervidas durante uma hora em dez vezes o seu volume de água. A água foi drenada e substituída por outra, após o que as sementes foram fervidas durante cerca de seis horas até ficarem macias. As sementes de melão cozidas foram transferidas para um vaso de barro e cobertas com folhas durante cinco dias.

Sementes de melão

⇩

descascado por pressão entre as pontas dos dedos

⇩

Enxaguado com água morna (duas vezes)

⇩

Cozedura a 120^{0} C durante 1 ½ horas

⇩

Cozido de novo durante 6 horas e escorrido

⇩

Foi adicionada água fria

⇩

Escorrido e arrefecido

⇓

Os cotilédones embrulhados em folhas de bananeira

⇓

Incubado em vaso de barro a 37^0 C durante sete dias

⇓

Puré fermentado de sementes de melão (ogiri)

Fig 9:- Diagrama de fluxo da produção de Ogiri.

3.5 Análise química

3.5.1 Análise fitoquímica

A presença de saponina, taninos, alcalóides, antraquinonas, flavonóides, açúcares redutores, foi detectada utilizando métodos quantitativos simples de Trease e Evans (1989) e Sofowora (1993).

3.5.2 Teste de Molisch para os hidratos de carbono

Mediu-se 0,1 g de cada uma das amostras em pó das sementes de melão em copos separados e adicionaram-se 20 ml de água destilada, tendo os copos sido aquecidos num banho de água durante mais de 5 minutos. As misturas foram filtradas com papel de filtro noutro copo para obter os filtrados.

- Medem-se 2 ml dos filtrados para outro tubo de ensaio e adicionam-se 2 gotas de soluções alcoólicas de α-naftol na parte lateral do tubo, sem misturar. Uma camada vermelho-violeta na interface entre a camada ácida (inferior) e a camada aquosa (superior) é um teste positivo para a presença de hidratos de carbono.

3.5.3 Saponina

Foram medidos 2 ml de cada filtrado para outros tubos de ensaio, foram adicionados 10 ml de água destilada e os tubos de ensaio foram agitados vigorosamente durante mais de um minuto. Observou-se a formação de espuma que persiste com o aquecimento.

3.5.4 Taninos

Foram pesados 2,5 g das amostras em pó das sementes de melão num erlenmeyer, misturados com 50 ml de água e fervidos em banho-maria durante 5 minutos. As misturas foram filtradas com papel de filtro e os filtrados foram recolhidos. Dois milímetros dos filtrados foram misturados com 10 milímetros de água destilada e foi adicionada uma gota de cloreto de iões. Observou-se a formação de um precipitado azul-preto ou azul-verde.

3.5.5 Flavonóides

Adicionaram-se 5 ml de amoníaco diluído a cada porção do filtrado aquoso, seguido da adição de ácido sulfúrico concentrado (1 ml) a 2 ml de solução de hidróxido de potássio e deixou-se misturar. Misturaram-se pequenas quantidades de filtrado aquoso com a mistura ácido-base e observou-se uma mudança de cor.

3.5.6 Alcalóides

E xtracções de 5g das amostras em pó foram efectuadas por ebulição em 50ml de água destilada durante 30min. Foram filtradas em diferentes tubos de ensaio e os filtrados foram recolhidos. Os filtrados foram então testados com reagentes de alcalóides, reagentes de Wagner e de Mayer e os resultados foram comparados com o branco. Observou-se turvação ou precipitação com qualquer um dos reagentes.

3.5.7 Antraquinona

Agitaram-se 2,5 g de cada uma das amostras em pó das sementes de melão com 5 ml de benzeno e, em seguida, adicionaram-se 2,5 ml de soluções de amoníaco a 10% e agitou-se. A presença de cor rosa, vermelha ou violeta na fase amoniacal indica a presença de antraquinona hidroxilada livre.

3.6.0 Análise Proximada

3.6.1 Determinação do teor de humidade

Foram pesados 10 gramas das amostras de sementes de melão, em duplicado, em placas de Petri secas e colocadas numa estufa durante 1 hora a 103° C. As placas foram retiradas, deixadas arrefecer e pesadas. As placas foram novamente colocadas na estufa durante mais 30 minutos. Posteriormente, deixou-se arrefecer e voltou-se a pesar continuamente até se obterem pesos constantes.

$$\text{Moisture content} = \frac{c - a}{b - a} \times 100$$

b = peso inicial da cápsula + amostra

a = peso inicial da placa

c = peso final da cápsula + amostra.

3.6.2 Determinação do teor de cinzas

Princípios:- As cinzas compreendem os constituintes minerais dos alimentos para animais, dos géneros alimentícios e dos alimentos para animais, que podem ser determinados através da ignição de uma quantidade conhecida de materiais secos num **processo de** forno de mufla.

Procedimento:- 10g dos materiais secos obtidos na determinação da humidade foram pesados em diferentes cadinhos. Os cadinhos foram colocados em chamas azuis de alguns queimadores até que os fumos fossem libertados. Os cadinhos foram colocados numa mufla a 500° C durante uma hora.

Os cadinhos foram arrefecidos em exsicadores e novamente pesados. Os teores de cinzas foram calculados do seguinte modo - Peso de cinzas = Peso do cadinho após ignição - Peso do cadinho antes da ignição

$$\% \text{ de cinzas} = \frac{\text{Peso de cinza} \times 100}{\text{Peso Da amostra}}$$

3.6.3 Determinação da fibra bruta: - A fibra bruta é a outra porção da humidade e das amostras isentas de gordura que permanecem após a digestão com ácido sulfúrico diluído e hidróxido de sódio, que consiste em celulose, hemiceluloses e algumas lignoceluloses.

Os resíduos foram transferidos para um cadinho de Gooch e secos até peso constante a 105° C numa estufa de ar.

Os resíduos foram lavados com 15 cm3 de álcool etílico e secos novamente a 105° C, arrefecidos em exsicadores e pesados até peso constante.

Os resíduos pesados foram inflamados a 600° C até à combustão de todas as matérias carbonosas.

- Os cadinhos de Gooch foram arrefecidos e pesados.

3.6.4 Determinação da proteína bruta

Princípio: - As proteínas são os constituintes mais importantes dos alimentos e dos géneros alimentícios. São compostos constituídos por aminoácidos e o método habitualmente utilizado para a determinação das proteínas nos géneros alimentícios é o método Kjeldahl de determinação do azoto. A percentagem de azoto na amostra é multiplicada por 6,25 para obter o valor proteico e isto baseia-se no pressuposto de que as proteínas contêm uma média de 16% de azoto.

Procedimento

- Foram pesados 10 g das amostras em tubos de digestão contendo 25 cm3 de ácido sulfúrico com sulfato de potássio como catalisador para acelerar a reação.

- A digestão foi deixada durante 40 minutos até se obter uma digestão clara.

- Os tubos foram deixados arrefecer e diluídos com 75 cm3 de água destilada e bem misturados.

- Mediu-se 25 cm3 de ácido bórico no recipiente de recolha e colocou-se na posição superior da plataforma da unidade de destilação.

- Os tubos preparados foram fixados no suporte de tubos e foram adicionados 50 cm3 de hidróxido de sódio (40%) a cada tubo.

- A alimentação de vapor foi ligada para iniciar a destilação e o tempo de destilação foi fixado em 5 minutos.

- No final da destilação, os tubos foram retirados.

- O destilado foi titulado com um ácido padrão e a percentagem de azoto calculada a partir do valor do título foi convertida em proteína alimentar.

% Proteína = N x Fator de conversão (6,25).

3.6.5 Determinação de hidratos de carbono

O teor de hidratos de carbono foi calculado do seguinte modo

% hidratos de carbono = 100 - (% humidade + % gordura + % proteína + % cinzas + % fibra)

3.7. 0Determinação quantitativa de antinutrientes

3.7.1 Taninos:

-500mg da amostra em pó foram pesados num frasco de plástico de 50ml

- Adicionaram-se 50 ml de água destilada e agitou-se durante 1 hora com um agitador mecânico.

- Filtrar para um balão volumétrico de 5 ml e completar o volume até ao traço de calibração.

- Pipetou-se 5 ml do filtrado para um tubo de ensaio e misturou-se com 2 ml de 0,1 ml de $FeCl_3$ em HCl 0,1M e ferrocianeto de potássio 0,008M

- A absorvância foi medida a 720nm num período de 10 minutos.

- 3.7.2 Saponina

Mediram-se 20 g das amostras em pó para um frasco cónico. Adicionaram-se 100 cm^3 de etanol aquoso a 20% e aqueceu-se num banho de água quente continuamente durante 4 horas a 55° C.

A mistura foi filtrada e o resíduo foi novamente extraído com mais 200 ml de etanol a 20%.

Os extractos combinados foram reduzidos a 40 ml. O concentrado foi filtrado numa ampola de decantação de 250 ml e adicionou-se 20 ml de éter etílico, agitando-se vigorosamente.

Foram adicionados 60 ml de n-etanol à camada aquosa, tendo a solução sido lavada duas vezes com 10 ml de cloreto de sódio aquoso a 5% e aquecida num banho de água.

Após a evaporação, as amostras foram secas na estufa até peso constante e pesadas.

3.7.3 FITATO

- As amostras foram extraídas com 10 ml de HCl 0,02M, com agitação vigorosa durante 30 minutos.

- 1,0 ml do sobrenadante foi titulado com 1,5 ml de solução de bipiridina

- As absorvâncias foram medidas a 519 nm com um espetrofotómetro, tendo a concentração de fitato sido extrapolada a partir da curva padrão preparada.

3.7.4 Oxalato

- 2 g da amostra foram dispersos em 190 ml de água destilada num balão volumétrico de 250 ml.
- Foram adicionados 10 ml de HCl 6M e digeridos a 100oC durante 1 hora.
- O digerido foi arrefecido e filtrado.
- O filtrado foi precipitado com hidróxido de amónio e dissolvido em 10 ml de ácido sulfúrico a 20%.
- A solução foi então titulada com permanganato de potássio 0,05M.

$$\text{Oxalato} = \frac{T \times (Vme)\,(DF) \times 1005}{Me \times Mf}$$

Em que T = Valor do título

Vme = volume - massa equivalente (ou seja, 1 ml de permanganato de potássio = 0,00225 oxalato)

Me = Equivalente molar do permanganato de potássio.

DF = Fator de diluição. Mf = Massa da amostra utilizada.

3.8.0 Determinação dos elementos minerais

As soluções de cinzas das amostras de melão foram preparadas pesando 5g de cada uma das amostras de melão em pó, estas foram queimadas a 550° C numa mufla durante 5h e os resíduos dissolvidos em 100ml de água desionizada. Foram preparadas soluções padrão dos minerais (Na, K, Mg, Ca, Fe, P e Zn) a analisar. O espetrofotómetro de absorção atómica (modelo 200-A, Buck Scientific) foi ligado durante 10 minutos para estabilizar.

As soluções minerais padrão foram injectadas para calibrar o AAS utilizando gás acetileno. Injectou-se uma alíquota de soluções de cinzas e obtiveram-se as concentrações no AAS.

CAPÍTULO 4

4.0 Resultados

Quadro 1:- A composição fitoquímica das três espécies selecionadas de sementes de melão.

Phytoconstituent	*Citrullus colocynthis*	*Cucumis melo*	*Cucumeropsis manii*
Alkaloids	+	+	+
Tannins	+	+	+
Phlobatalins	_	_	_
Saponins	_	_	_
Glycosides	+	+	+
Flavonoids	+	+	+
Terpeniods	+	_	_
Anthraquinones	_	_	_
Cyanide	_	_	_
Steroids	+	+	+

(-) Ausente, (+) Presente,

Quadro 2:- Composição proximal das sementes de melão não fermentadas e fermentadas das três espécies selecionadas (g/100g de matéria seca).

	Citrullus colocynths		*Cucumis melo*		*Cucumeropsis manii*	
	Unfermented	Fermented	Unfermented	Fermented	Unfermented	Fermented
Crude oil	49.2	51.9	35.7	43.2	32.8	42.8
Crude protein	21.5	29.2	24.1	26.3	23.8	26.5
Crude fibre	12.2	14.1	12.5	18.5	11.9	16.8
Ash	3.7	3.1	3.4	2.3	3.1	2.5
Moisture	4.2	3.5	4.5	3.7	4.9	3.5
Carbohydrate	19.0	11.2	18.8	12.9	23.	12.9

Quadro 3:- Composição mineral das sementes de melão não fermentadas e fermentadas das espécies selecionadas (mg/100g)

Mineral	**Samples**					
	Citrullus colocynthis		*Cucumis melo*		*Cucumeropsis manii*	
	Unfermented	Fermented	Unfermented	Fermented	Unfermented	Fermented
Phosphorous	106.4± 8.4	70.6±0.5	169.3±31	91.17±0.46	179.02± 0.23	105.3±0.2
Iron	91.7± 1.6	35.1±1.2	24.5± 0.8	14.5±0.83	24.6± 0.35	12.07±0.4
Calcium	48.2± 2.7	29.5±1.8	52.7± 1.3	78.6±0.38	85.15±0.1	78.36±0.31
Potassium	61.4± 2.7	64.4± 3.6	174.37±1.9	107.5±3.1	167.1±6.24	169.1±6.5
Sodium	83.6± 12.5	90.23±15.4	631.8±4.6	369.3±1.7	550.4±5.0	560.4±5.3
Magnesium	31.9± 1.8	52.53±1.5	114.39±0.5	58.72±0.46	85.21±0.5	12.07±0.36
Zinc	3.0± 1.5	4.26 ±1.2	1.19±0.04	1.17 ±0.02	1.91±0.05	1.89±0.05

Tabela 4:- Anti-nutrientes nas espécies selecionadas de sementes de melão fermentadas (%)

Anti-nutrient

Melon species	Phytate	Oxalate	Tannin	Saponin
Cucumeropsis mannii	0.53±0.17	4.5±0.7	0.35±0.3	2.43±0.35
Cucumus melo	0.61±0.09	4.3±1.4	0.33±0.01	1.67±0.25
Citrulus colosynthis	0.50±0.06	4.8±0.42	0.38±0.04	1.33±0.32

Quadro 5:- Anti-nutrientes nas espécies selecionadas de sementes de melão não fermentadas (%)

Anti-nutrients

Melon species	Phytate	Oxalate	Tannin	Saponin
Cucumeropsis mannii	0.77±0.02	11.8±2.3	0.97±0.06	3.26±0.20
Cucumus melo	0.84±0.31	7.2±1.6	0.63±0.03	1.67±0.25
Citrulus colosynthis	0.71±0.05	6.9±0.45	0.73±0.06	3.36±0.5

CAPÍTULO 5

DISCUSSÃO, CONCLUSÃO E RECOMENDAÇÃO

A Tabela 1 mostra os resultados obtidos a partir do rastreio fitoquímico das sementes de melão, que provaram que as sementes eram ricas em alcalóides, taninos, flavonóides, glicosídeos, esteróides e terpenóides. A ausência de saponinas neste estudo está em contraste com a opinião de Gill (1992) que observou que a saponina é um dos constituintes activos. Os esteróides também estavam presentes em todas as espécies de sementes de melão. É de notar que os compostos esteróides são importantes e interessantes em farmácia devido à sua relação com algumas hormonas, ou seja, as hormonas sexuais (Okwu, 2001).

A composição proximal das sementes de melão fermentadas e não fermentadas revelou na tabela 2, que houve diferenças significativas ($p < 0,05$) no teor de humidade, proteína bruta e teor de gordura das sementes de melão fermentadas e não fermentadas. O aumento do teor de humidade das sementes fermentadas está de acordo com o relatório de Omafuvbe et al (2004), o que pode ser resultado da decomposição do produto fermentado ou da hidroxilação do produto durante a fermentação. O aumento da proteína bruta das sementes de melão fermentadas, quando comparadas com as sementes não fermentadas, pode ter sido facilitado pelas actividades enzimáticas dos organismos fermentadores, tal como referido por Enujiugba (2003). Forgarty e Griffin (1973) referiram que as espécies de *Bacillus* implicadas na fermentação de sementes são importantes produtores de proteases. Estas proteases extracelulares hidrolisam facilmente proteínas vegetais complexas em aminoácidos e péptidos curtos, causando assim um aumento do azoto total. O aumento do teor de gordura pode ser devido a um aumento da atividade das enzimas lípolíticas no meio de fermentação que hidrolisam a gordura em glicerol e ácidos gordos (Achinewhu, 1986). O teor de hidratos de carbono foi reduzido durante a fermentação. Isto é atribuído ao aumento da atividade da a-amilase que hidrolisa o amido em açúcares simples (Odunfa e Adeyele, 1987). Este facto deve-se à baixa energia das sementes de melão que, no entanto, pode ser substituída pelo teor de gordura do produto, tal como referido por Olaofe *et al.,* (1993). Existe uma diferença significativa ($p<0,05$) na fibra bruta das sementes de melão fermentadas e não fermentadas, mas a fibra bruta ajuda na digestão dos alimentos e na absorção de água.

A Tabela 3 mostra as composições minerais das três amostras de melão fermentadas e não fermentadas para este estudo. Foi revelado que houve diferenças significativas (p<0,05) nos valores do conteúdo mineral das amostras não fermentadas quando comparadas com as amostras fermentadas, com exceção do Zinco.

Cucumeropsis manni, Cucumis melo e *Citrullus colocynthis* têm o teor mais elevado de fósforo, sódio e ferro, respetivamente, enquanto *Citrullus colocynthis* tem o teor mais baixo de cálcio. As amostras eram ricas em conteúdos minerais que ajudam a digestão, a formação de ossos fortes, dentes fortes e a formação de hemoglobina.

A variação nas composições minerais pode dever-se ao clima, às espécies, ao tipo de solo, à água e às práticas culturais adoptadas durante a plantação. (Steven *et al.,* 1985)

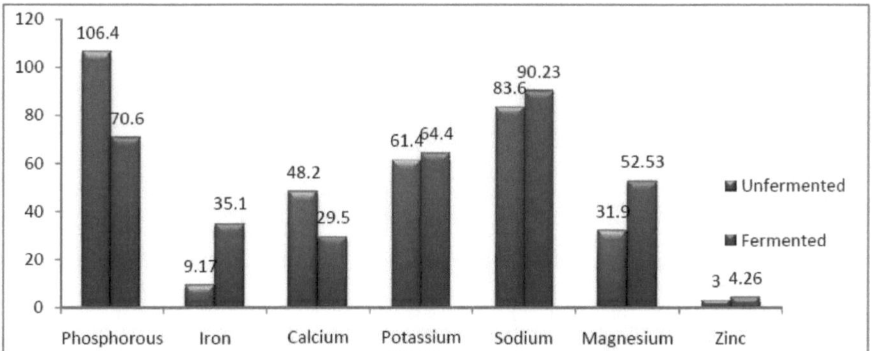

Figure 10:- Mineral composition in fermented and unfermented *Citrullus colocythis*

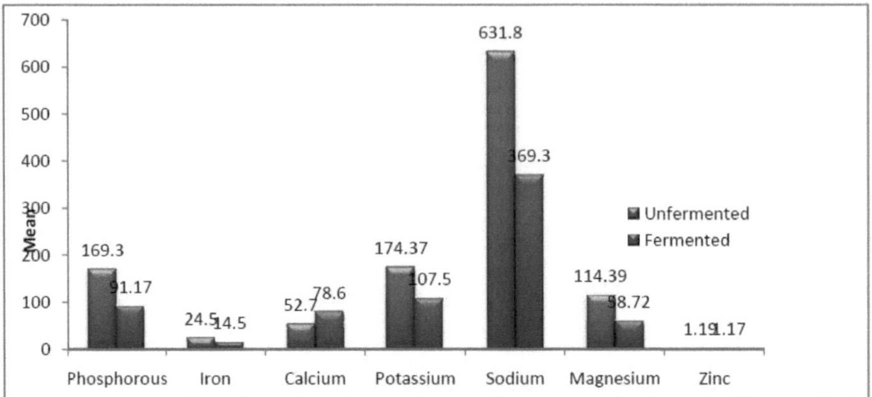

Figure 11:- Mineral compositions in fermented and unfermented *Cucumis Melo*

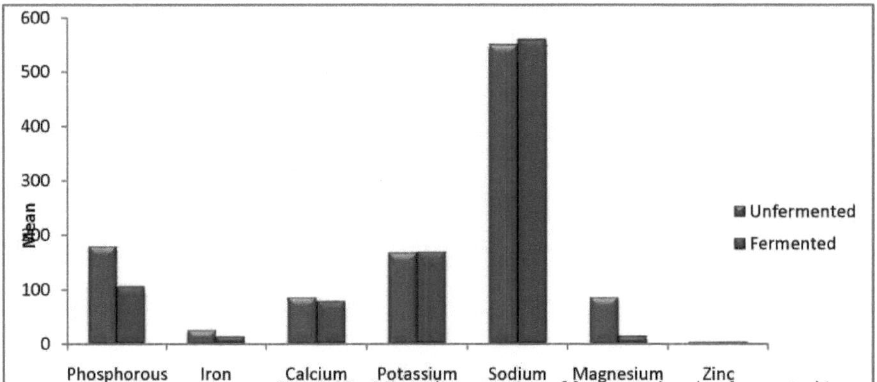

Figure 12:- Mineral composiion of fermented and unfermented in *Cucumeropsis Mannii*

As tabelas 4 e 5 mostram o teor de anti-nutrientes das sementes de melão fermentadas e não fermentadas, respetivamente. Não houve diferenças significativas ($p<0,05$) na concentração de fitato, taninos, saponinas e oxalato das sementes de melão fermentadas. Mas houve diferenças significativas ($p> 0,05$) nas concentrações das amostras **não** fermentadas quando comparadas com as amostras fermentadas. A redução das concentrações de **antinutrientes** pode dever-se à lixiviação durante o processo de fermentação. O ácido fítico nos alimentos vegetais liga os minerais essenciais da dieta, tornando-os indisponíveis para absorção (Linear, 1973). Os taninos **reduzem** a qualidade das proteínas através da formação direta de complexos com elas (Nget Hong et al, 1983). Os taninos também participam na oxidação-redução e, por conseguinte, na perda de ácido ascórbico.

O oxalato não ocorre geralmente na forma solúvel livre, mas é percetível, em maior ou menor grau, como oxalato de cálcio (Al-Rais et al, 1971), pelo que os elevados teores de oxalato nas plantas podem constituir um grave problema nutricional, porque o cálcio da dieta fica parcialmente e, em alguns casos, totalmente indisponível devido à presença de oxalato (Akande, 1989).

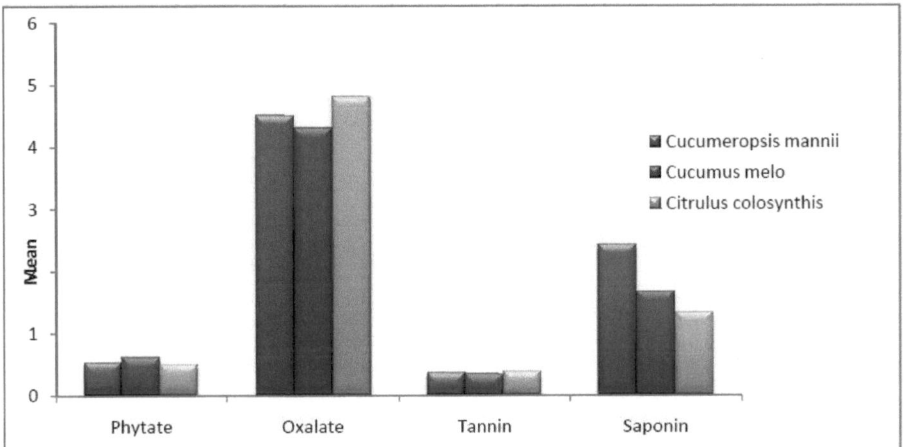

Figure 18:- Anti nutrrient composition of Fermented melon seeds

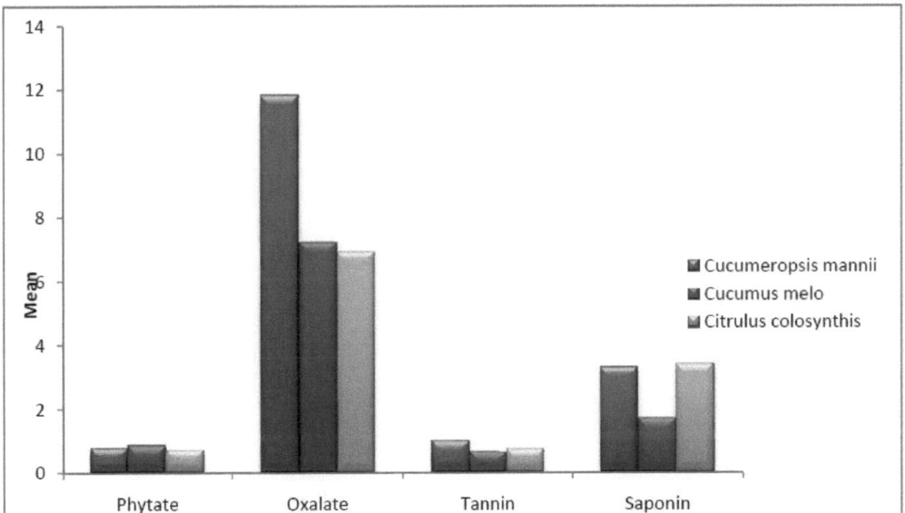

Figure 19 :- Anti- nutrient composition of Unfermented melon seeds

Referências

Abayomi, Sofowora, (1984) Medicinal plants and Traditional Medicine in Africa (Plantas medicinais e medicina tradicional em África). Imprensa académica, Ibadan. Nigéria.

Achi, O.K. (1999). Atributos de qualidade da farinha de inhame fermentada suplementada com alimento vegetal de farinha de soja processada. Nutrição Humana. Vol.54, pgs 151-158.

Achu, M.B., Fokou, E., e Futso, M. (2005). Valores nutritivos de algumas sementes oleaginosas de Cucurbitaceae de diferentes regiões do Cameron. Revista Africana de Biotecnologia Vol.4 (10): 1329 - 1334.

Achinewhu, S.C. (1986).O efeito da fermentação na composição de hidratos de carbono e ácidos gordos das sementes de feijão oleaginoso africano *(Pentaclethra macrophylki).* Food Chem. Vol. 19: Pgs 105-116-

Agahiu, A. E.; Udensi U.E., Tarawali G., Okoye B.C., Ogbuji R.O., Baiyeri K.P. (2011). "Avaliação das estratégias de gestão de ervas daninhas e combinações de culturas intercalares no rendimento da mandioca na faixa média da Nigéria". *Jornal Africano de Investigação Agrícola* **6**: 5729-5735.

Ajagbona, O.P, Onifade, K.I e Suleiman, U. (1999). Alterações hematológicas e bioquímicas em ratos que receberam extractos de *Calotropis procera.* Jornal de Ciências Veterinárias de Sokoto. Vol. 1, pgs 36-42.

Akande, A.D., (1989). Estudos nutricionais e fitoquímicos de Balighia sapida Koneq. Jornal de Comunicação de Investigação em Biociências. Vol 1, No.4 pgs 131-135.

Al-Faraj, S (1995). Colite hemorrágica induzida por *Citrullus colocynthis*. Anais de Medicina Tropical e Parasitologia. Vol. 89.(6) pgs 695 - 696

Aloha , K. P., & Johnson, O. A. (2012). "A qualidade da semente de melão 'Egusi-Itoo' *(cucumeropsis mannii naudin)* colhida em diferentes idades do fruto". Revista Internacional de Publicações Científicas e de Investigação, 2(12), 1-5.

Aloha , K. P., & Johnson, O. A. (2013). "Os efeitos da cor da folha na colheita do fruto e da duração do pós-amadurecimento do fruto na qualidade da semente *(cucumeropsis mannii naudin)*". Jornal de Biologia, Agricultura e Cuidados de Saúde, 190-191

Althawadi, A. M.; Grace J. (1986). "Utilização da água pela cucurbitácea do deserto *Citrullus-colocynthis* (L) Schrad". *Oecologia* **70**: 475-480.

Academia Americana de Médicos de Família (2005). Colesterol: O que significa o seu nível. Heart Disease and Sroke. http//familydoctor.org/029.xml.htm

Al- Rais, A.H., Mayers, S.A. e Watson, O. (1971). O isolamento e as propriedades dos cristais de oxalato de plantas. Ann. Botânica. Vol. 35.

Allen, Lindsay H. (1998). "Suplementos de zinco e micronutrientes para crianças". *American Journal of Clinical Nutrition* **68** (2 Suppl): 495S-498S.

A.O.A.C. (1990). Association of Official Analytical Chemists. Official ,ethods of Analysis 15th Edition. Washington D.C

Ashutosh Kar (2003). *Pharmacognosy AndPharmacobiotechnology*. New Age International. pp. 44

Aydemir, T. B.; Blanchard, R. K.; Cousins, R. J. (2006). "A suplementação de zinco em homens jovens altera a metalotioneína, o transportador de zinco e a expressão do gene da citocina em populações de leucócitos". *PNAS* **103** (6): 1699-704

Barri, M.E. (1983). Toxicidade de cinco plantas sudanesas para ruminantes jovens. Jornal de Patologia Comparada. Vol. 4: 559 -575.

Beecher GR (2003). "Overview of dietary flavonoids: nomenclature, occurrence and intake" (Visão geral dos flavonóides alimentares: nomenclatura, ocorrência e ingestão). *J. Nutr.* **133** (10): 3248S-54S.

Berdanier, Carolyn D.; Dwyer, Johanna T.; Feldman, Elaine B. (2007). *Handbook of Nutrition and Food (Manual de Nutrição e Alimentação)*. Boca Raton, Florida: CRC Press. ISBN 0-8493-9218-7.

Berg, JM; Tymoczko, JL; Stryer, L (2006)...*Biochemistry.* W.H. Freeman. pp. 656-660. ISBN 978-0-7167-8724-2.

Bhutta, ZA; Bird, SM; Black, RE; Brown, KH; Gardner, JM; Hidayat, A; Khatun, F; Martorell, R et al. (2000). "Efeitos terapêuticos do zinco oral na diarreia aguda e persistente em crianças de países em desenvolvimento: análise conjunta de ensaios aleatórios controlados". *O jornal americano de nutrição clínica* **72** (6): 1516-22.

Bitanihirwe BK, Cunningham MG (2009). "Zinco: o cavalo negro do cérebro". *Synapse* **63** (11): 1029-49.

Brandt, Erik G.; Hellgren, Mikko; Brinck, Tore; Bergman, Tomas; Edholm, Olle (2009). "Estudo da dinâmica molecular da ligação do zinco às cisteínas num peptídeo que imita o sítio estrutural do zinco da álcool desidrogenase". *Físico-química. Chem. Físico.* **11**

Brain, R.T., e Kay, H.D (1977). Fosfatase renal, a doença enzimática. Biochemistry Journal, vol 21, pgs 1104 - 1108.

Broadley, M. R.; White, P. J.; Hammond, J. P.; Zelko I.; Lux A. (2007). "Zinco nas plantas". *New Phytologist* **173** (4): 677-702

Chavan JK, Kadam SS (1989). "Melhoria nutricional dos cereais por fermentação". *Crit Rev Food Sci Nutr* **28** (5): 349-400.

DiSilvestro, Robert A. (2004). *Handbook of Minerals as Nutritional Supplements (Manual de Minerais como Suplementos Nutricionais).* CRC Press. pp. 135, 155. ISBN 0-8493-1652-9.

DiSilvestro, Robert A.; Swan, Melinda. (2008). "Comparação de quatro suplementos de zinco comercialmente disponíveis para desempenho em um teste de tolerância ao zinco". *The FASEB Journal* **22**. 693.3.

Drabble, E.; Nierenstein, M. (1907). "Sobre o papel dos fenóis, ácidos tânicos e ácidos oxibenzóicos na formação da cortiça". *Biochemical Journal* *2* (3): 96-102.1.

Eby, G. (2004). "Pastilhas de zinco: cura a frio ou rebuçados? Determinações de química de soluções". *Relatórios de Biociências* **24** (1): 23

Egunjobi, J.K. & Adebisi, A.A. (2004). *"Cucumeropsis mannii* naudin". Grubben, G.J.H. & Denton, O.A. (Ed). PROTA 2: Legumes/Leguminosas. [CD-Rom]. PROTA, Wageningen, Países Baixos

Ekholm, Päivi; Päivi Ekholm, Liisa Virkki, Maija Ylinen, Liisa Johansson (2003). "O efeito do ácido fítico e de alguns agentes quelantes naturais na solubilidade de elementos minerais no farelo de aveia". *Food Chemistry* **80** (2): 165-70.

Ensminger, Audrey H.; Konlande, James E. (1993). *Foods & Nutrition Encyclopedia* (2ª ed.). Boca Raton, Florida: CRC Press. pp. 2368-2369. ISBN 0-8493-8980-1.

Enujiugha, V.N. (2000). Desenvolvimento de uma nova pasta alimentar a partir de espécies de Pentaclethra. Appl. Trop. Agri.5:89-94.

Forbes, RM; Parker, HM; Erdman JW, Jr (1984). "Efeitos dos níveis dietéticos de fitato, cálcio e magnésio na biodisponibilidade do zinco para ratos". *The Journal of nutrition* **114** (8): 1421-5. PMID 6747725.

Freeland-Graves J. H., Bodzy P. W., Epright M. A. (1980). "Estado do zinco em vegetarianos". *Journal of the American Dietetic Association* **77** (6): 655-661.

Gadallah, M. A. A. (2000). "Efeitos do ácido indol-3-acético e do zinco no crescimento, no potencial osmótico e nos componentes solúveis de carbono e azoto das plantas de soja que crescem sob défice hídrico". *Journal of Arid Environments* **44** (4): 451.

Geoffrey Michael Gadd (março de 2010). "Metais, minerais e micróbios: geomicrobiologia e biorremediação". *Microbiologia* **156**. pp. 609-643.

Gil, M.I, Aguayo,E, and Kader, A.A. (2006).Quality changes and nutrient retention in freshcut versus whole fruits during storage. Journal of Agric Food Chem. Vol. 4. pág. 5660

Gilani GS, Cockell KA, Sepehr E (2005). "Efeitos de factores antinutricionais na digestibilidade das proteínas e na disponibilidade de aminoácidos nos alimentos". *JAOACInt* **88** (3): 967-87.

Giwa, S.; Abdullah L. C., Adam N. M. (2010). "Investigação do óleo de sementes de "egusi" *(Citrullus colocynthis* L.) como potencial matéria-prima para biodiesel". *Energias* **3**: 607-618.

Gurudeeban, S.; Satyavani K., Ramanathan T. (2010). "Maçã amarga *(Citrullus colocynthis):* An Overview of Chemical Composition and Biomedical Potentials" [Uma visão geral da composição química e do potencial biomédico]. *Jornal Asiático de Ciências Vegetais* **9**: 394-401.

González S., Pabón M. L., Carulla J. (2002). "Efeitos dos taninos na libertação de amoníaco in vitro e na degradação da matéria seca da farinha de soja". *Arch. Latinoam. Prod. Anim.* **10** (2): 97-101.

Gordon, R. B.; Bertram, M.; Graedel, T. E. (2006). "Stocks de metais e sustentabilidade". *Actas da Academia Nacional de Ciências* **103** (5): 1209-14.

Hambidge, K. M. e Krebs, N. F. (2007). "Deficiência de zinco: um desafio especial". *J. Nutr.* **137** (4): 1101-5.

Hambidge, M. (2003). "Biomarcadores de ingestão e estado de minerais vestigiais". *Journal of Nutrition.* 133 **3** (3): 948S-955S.

Hanakahi LA, Bartlet-Jones M, Chappell C, Pappin D, West SC (2000). "Ligação do fosfato de inositol ao DNA-PK e estimulação da reparação de quebras de fita dupla". *Célula* **102** (6): .. 721-729.

Haslam, Edwin (2007). "Taninos vegetais - Lições de uma vida fitoquímica". *Fitoquímica* **68** (22-24): 2713-2721. 270-9.

Hemila, H. (2011). "As pastilhas de zinco podem encurtar a duração das constipações: uma revisão sistemática". *Jornal de Medicina Respiratória Aberta* **5**: 51

Hotz C, Gibson RS (2007). "Práticas tradicionais de processamento e preparação de alimentos para melhorar a biodisponibilidade de micronutrientes em dietas à base de plantas". *J. Nutr.* **137** (4): 1097-100.

Ibs, K. H.; Rink, L.; (2003). "Função imunitária alterada pelo zinco". *Journal of Nutrition* **133** (5 Suppl 1): 1452S-6S.

Kadam, S. S.; Salunkhe, D. K.; Chavan, J. K. (1990). *Dietary tannins: consequences and remedies.* Boca Raton: CRC Press. p. 177.

Katie E. Ferrell; Thorington, Richard W. (2006). *Squirrels: the animal answer guide.* Baltimore: Johns Hopkins University Press. p. 91.

Keen, CL; Gershwin, ME (1990). "Deficiência de zinco e função imunitária". *Revisão anual da nutrição* **10**: 415-31

Klopfenstein, Terry J.; Angel, Rosalina; Cromwell, Gary; Erickson, Galen E.; Fox, Danny G.; Parsons, Carl; Satter, Larry D.; Sutton, Alan L. (2002) "Animal Diet Modification to Decrease the Potential for Nitrogen and Phosphorus Pollution". *Conselho para a Ciência e Tecnologia Agrícolas* **21**.

Leitzmann, M. F.; Stampfer, M. J.; Wu, K.; Colditz, G. A.; Willett, W. C.; Giovannucci, E. L. (2003). "Uso de suplemento de zinco e risco de câncer de próstata". *JNCI Jornal do Instituto Nacional do Cancro* **95** (13): 1004. doi:10.1093/jnci/95.13.1004.

Lieske JC, Goldfarb DS, De Simone C, Regnier C. (2005). "Utilização de um probiótico para diminuir a hiperoxalúria entérica". *Kidney Int.* **68** (3): 1244-9.

Lin, Maun-Jan; Hoke, Carolyn; Ettinger, Bruce (1998). "Avaliação do ensaio homogéneo de colesterol de lipoproteína de alta densidade num analisador BM/Hitachi 747-200". *Clinical Chemistry* **44** (5): 1050-2.

Liner, I. E, (1973).Protein in Human Nutrition. Ed. J. W., G. Poter e B.A., Rolls, Academic Press, Nova Iorque e Londres. Págs. 469-480.

Mabberley, D.J. (1987). The plant book; A portable dictionary of the higher plants, Cambridge University press, pg. 706.

Malleshi, N. G.; Desikachar, H. S. R. (1986). "Nutritive value of malted millet flours" [Valor nutritivo das farinhas de milho maltado]. *Alimentos vegetais para a nutrição humana* **36** (3): 191-6.

Mathieu F., Jouany J. P. (1993). "Efeito do tanino de castanha sobre a fermentabilidade do azoto do farelo de soja no rúmen". *Ann Zootech* **42** (2): 127.

Maret, W.; Sandstead H. H. (2006). "Necessidades de zinco e os riscos e benefícios da suplementação de zinco". *Journal of Trace Elements in Medicine and Biology* **20** (1): 3-18.

Mbuli-Lingundi, Y., Belitz, H. D., Gerstenberg, H., Kaiser, K. P., Maniwa, K., M6dl, A., Scherz, H., & Weder, J. K. P. (1983). "Estudos sobre a composição química das sementes de *cueumeropsis mannii naudin* e sua adequação como alimento". Z Lebensm Unters Forsch, 177, 37-40

McGee, Harold (2004). *On food and cooking: the science and lore of the kitchen.* Nova Iorque: Scribner. p. 714.

Metuse, K., e Simon, J, (2008). Análise de sementes de Egusi. Jornal de Ciências Biológicas. Vol. 84 (4). Pgs: 814-817

Morozumi M, Hossain RZ, Yamakawa KI, Hokama S, Nishijima S, Oshiro Y, Uchida A, Sugaya K, Ogawa Y (2006). "Absorção gastrointestinal de ácido oxálico em ratos tratados com cálcio". *Urol Res* **34** (3): 168

Muller-Harvey I., McAllan A. B. (1992). "Taninos: sua bioquímica e propriedades nutricionais". *Adv. Plant CellBiochem. AndBiotechnol.* **1**: 151-217.

Nakashima AS, Dyck RH (2009). "Zinco e plasticidade cortical". *Brain Res Rev* **59** (2): 34773

Conselho Nacional de Investigação. (2006). "Culturas perdidas de África: Volume II: Vegetais". Washington, DC: Imprensa das Academias Nacionais. p. 157-159

Nget Hong, T. Zubaidh, H.A.R, Hum-Teik, K e Kai-Chao, W. (1983).Feijão alado *(Psophocarpus tetragonolobus),* nível de tanino, teor de fitato e atividade hemaglutinante. J. Agric Food Chemistry. Vol. 31, pgs. 916-917.

Ntui, V. O.; Thirukkumaran G., lioka S., Mii M. (2009). "Regeneração eficiente de plantas através de organogénese em melão "Egusi" *(Colocynthis citrullus* L.)". *Scientia Horticulturae* **119**:397-402.

NRC, (2000). Recommended Dietary allowances. 10ª edição. National Academy Press, Washington D.C., EUA

Oboh, A.O., e Aworh, O.C. (1997). A utilização de argila nigeriana na refinação de vegetais. Nigerian Food Journal, Vol. 5 pg52-56.

Oboh G, Oladunmoye MK (2007). "Alterações bioquímicas na farinha de mandioca fermentada por microfungos produzida a partir de tubérculos de mandioca de variedades com baixo e médio teor de cianeto". *Nutr Health* **18** (4): 355-67.

Obute, C. Ndukwu, O. E Florence (2007).Mutagénese direcionada em Vigana unguiculata e Cucumeropsis manni na Nigéria.African Journal of Biotchnology. Vol.6 (21) Pg. 246247

Odunfa, S.A., (1981). Microbiologia e composição de aminoácidos de Ogiri, um condimento alimentar de sementes de melão fermentadas. Die Nahrung. Vol.25, pg 811-813.

Odunfa, S.A., (1985). Alimentos fermentados africanos In: Microbiologia de alimentos fermentados. Vol. 2 B.J.B. Wood. Pgs. 155-195

Odunfa, S.A., e Adeyele, S. (1987). Alterações do açúcar na fermentação do sorgo durante a preparação da papa Ogi-baba. J. Sci. Food Agric. 2; 95-98.

Olaofe, O., Umar, V.O. e Adediran, G.O. (1994). Amonoácidos e composição mineral de algumas sementes oleaginosas. J. Agric Food. Chem. 42 (4) Pgs 875- 881.

Omafuvbe, (1998). Evaluation of the microbiological and biochemical changes during the fermentation of soybean for soy-daddawa, PhD thesis, Obafemi Awolowo University, Ile Ife, Nig. specimens". *Pathol Res Pract.* **201** (5): 363-8.

Pearson, D. (2006). The Chemical Analysis of food. 7th Edition. Churchill living stone London

Phillippy, Brian Q.; John M. Bland, e Terence J. Evens (7 de dezembro de 2002). "Cromatografia iónica de fitato em raízes e tubérculos". *Jornal de Química Agrícola e Alimentar* **51** (2): 350-3.

Prasad, A. S. (2003). "Deficiência de zinco: conhecida há 40 anos, mas ignorada pelas organizações mundiais de saúde". *British Medical Journal* **326** (7386): 409-10.

Prasad A. S. (2008). "Zinco na saúde humana: Effect of Zinc on Immune Cells" (Efeito do zinco nas células imunitárias). *Mol. Med.* **14** (5-6): 353-7.

Rahilly, Catherine (2011). "Relação entre o colesterol de lipoproteína de alta densidade e a sobrevivência aos 85 anos em homens (do estudo de envelhecimento normativo VA)". *Am J Cardiol* **107** (8): 1173-7.

Randox, (2004). Triglicéridos, GPO-PAP, Métodos, Manual. Randox Laboratories Ltd. Ardmore, Diamond Road Reino Unido. Pg 2.

Rink, L.; Gabriel P. (2000). "Zinco e o sistema imunitário". *Proc Nutr Soc* **59** (4): 541-52.

Romarheim, O.H.; Zang, C.; Penn, M.; Liu, Y.-J.; Tian, L.-H.; Skrede, A.; Krogdahl, A.; Storebakken, T. (2008). "Growth and intestinal morphology in cobia (Rachycentro n canadum) fed extruded diets with two types of soybean meal partly replacing fish . *Aquaculture Nutrition* **14** (2): 174-180.

Rosado, J. L. (2003). "Zinco e cobre: níveis de fortificação propostos e compostos de zinco recomendados". *Journal of Nutrition* **133** (9): 2985S-9S.

Roy, K.; Thakur M., Dixit V.K. (2007). "Efeito do *Citrullus colocynthis* no crescimento do cabelo em ratos albinos". *Biologia Farmacêutica* **45**: 739-744.

Shah, Maulik; Christopher Kriedt, Nathan H. Lents, Mary K. Hoyer, Nimah Jamaluddin, Claudette Kelin, Joseph J. Baldassare (2009). "A injeção intra-tumoral direta de zincacetato interrompe o crescimento do tumor num modelo de xenoenxerto de cancro da próstata". *Jornal de Investigação Experimental e Clínica do Cancro* **28** (84): 84.

Shrimpton, R.; Gross, R.; Darnton-Hill, I.; Young, M. (2005). "Deficiência de zinco: quais são as intervenções mais adequadas?". *British Medical Journal* **330** (7487): 347-9

Simon Mole (1993). "A Distribuição Sistemática de Taninos nas Folhas de Angiospérmicas: Uma Ferramenta para Estudos Ecológicos". *Biochemical Systematics and Ecology* **21** (8): 833846.

Steven, R.T., Vernom, R.Y. e Michael, C.A., (1985). Vitamins and Minerals. In: Fennema, O. (Ed). Food Chemistry. 2nd Edn., Marcel Dekker, Nova Iorque, pp 523

Stipanuk, Martha H. (2006). *Biochemical, Physiological & Molecular Aspects of Human Nutrition (Aspectos Bioquímicos, Fisiológicos e Moleculares da Nutrição Humana)*. W. B. Saunders Company. pp. 1043-1067. ISBN 978-0-7216-4452-3.

Swardfager, W; Herrmann, N; Mclntyre, R. S.; Mazereeuw, G; Goldberger, K; Cha, D. S.; Schwartz, Y; Lanctôt, K. L. (2013). "Papéis potenciais do zinco na fisiopatologia e no tratamento do transtorno depressivo maior". *Neuroscience & Biobehavioral Reviews* **37** (5): 911-29.

Tabacco E., Borreani G., Crovetto G. M., Galassi G., Colombo D., Cavallarin L. (2006). "Efeito do tanino de castanha na qualidade da fermentação, proteólise e degradabilidade ruminal da proteína da silagem de alfafa". *J. Dairy Sci.* **89** (12): 4736-46.

Tannin-Spitz, T.; Grossman S., Dovrat S., Gottlieb H.E., Bergman M. (2007). "Atividade inibidora do crescimento de glucósidos de cucurbitacina isolados de *Citrullus colocynthis* em células de cancro da mama humano". Biochemical Pharmacology **73**: 56-67.

Wilhelm Riemenschneider, Minoru Tanifuji (2002). "Oxalic Acid" in Ullmann's Encyclopedia of Industrial Chemistry, Wiley-VCH, Weinheim.

Zohary, Daniel; Hopf Maria (2000). *Domesticação de Plantas no Velho Mundo* (Terceira Edição ed.). Oxford University Press. p. 194.

MIX
Papier aus verantwortungsvollen Quellen
Paper from responsible sources
FSC® C105338

Printed by Books on Demand GmbH, Norderstedt / Germany